JN013403

東京大学工学教程

基礎系 物理学

量子力学Ⅰ

東京大学工学教程編纂委員会 編　　有田亮太郎　著

Quantum Mechanics Ⅰ

SCHOOL OF ENGINEERING
THE UNIVERSITY OF TOKYO

丸善出版

東京大学工学教程

編纂にあたって

　東京大学工学部，および東京大学大学院工学系研究科において教育する工学は
いかにあるべきか．1886年に開学した本学工学部・工学系研究科が125年を経て，
改めて自問し自答すべき問いである．西洋文明の導入に端を発し，諸外国の先端
技術追奪の一世紀を経て，世界の工学研究教育機関の頂点の一つに立った今，伝
統を踏まえて，あらためて確固たる基礎を築くことこそ，創造を支える教育の使
命であろう．国内のみならず世界から集う最優秀な学生に対して教授すべき工学，
すなわち，学生が本学で学ぶべき工学を開示することは，本学工学部・工学系研
究科の責務であるとともに，社会と時代の要請でもある．追奪から頂点への歴史
的な転機を迎え，本学工学部・工学系研究科が執る教育を聖域として閉ざすこと
なく，工学の知の殿堂として世界に問う教程がこの「東京大学工学教程」である．
したがって照準は本学工学部・工学系研究科の学生に定めている．本工学教程は，
本学の学生が学ぶべき知を示すとともに，本学の教員が学生に教授すべき知を示
す教程である．

2012年2月

　　　2010–2011年度
　　　東京大学工学部長・大学院工学系研究科長　北　森　武　彦

東京大学工学教程

刊 行 の 趣 旨

　現代の工学は，基礎基盤工学の学問領域と，特定のシステムや対象を取り扱う総合工学という学問領域から構成される．学際領域や複合領域は，学問の領域が伝統的な一つの基礎基盤ディシプリンに収まらずに複数の学問領域が融合したり，複合してできる新たな学問領域であり，一度確立した学際領域や複合領域は自立して総合工学として発展していく場合もある．さらに，学際化や複合化はいまや基礎基盤工学の中でも先端研究においてますます進んでいる．

　このような状況は，工学におけるさまざまな課題も生み出している．総合工学における研究対象は次第に大きくなり，経済，医学や社会とも連携して巨大複雑系社会システムまで発展し，その結果，内包する学問領域が大きくなり研究分野として自己完結する傾向から，基礎基盤工学との連携が疎かになる傾向がある．基礎基盤工学においては，限られた時間の中で，伝統的なディシプリンに立脚した確固たる工学教育と，急速に学際化と複合化を続ける先端工学研究をいかにしてつないでいくかという課題は，世界のトップ工学校に共通した教育課題といえる．また，研究最前線における現代的な研究方法論を学ばせる教育も，確固とした工学知の前提がなければ成立しない．工学の高等教育における二面性ともいえ，いずれを欠いても工学の高等教育は成立しない．

　一方，大学の国際化は当たり前のように進んでいる．東京大学においても工学の分野では大学院学生の四分の一は留学生であり，今後は学部学生の留学生比率もますます高まるであろうし，若年層人口が減少する中，わが国が確保すべき高度科学技術人材を海外に求めることもいよいよ本格化するであろう．工学の教育現場における国際化が急速に進むことは明らかである．そのような中，本学が教授すべき工学知を確固たる教程として示すことは国内に限らず，広く世界にも向けられるべきである．2020年までに本学における工学の大学院教育の7割，学部教育の3割ないし5割を英語化する教育計画はその具体策の一つであり，工学の

教育研究における国際標準語としての英語による出版はきわめて重要である．

　現代の工学を取り巻く状況を踏まえ，東京大学工学部・工学系研究科は，工学の基礎基盤を整え，科学技術先進国のトップの工学部・工学系研究科として学生が学び，かつ教員が教授するための指標を確固たるものとすることを目的として，時代に左右されない工学基礎知識を体系的に本工学教程としてとりまとめた．本工学教程は，東京大学工学部・工学系研究科のディシプリンの提示と教授指針の明示化であり，基礎（2 年生後半から 3 年生を対象），専門基礎（4 年生から大学院修士課程を対象），専門（大学院修士課程を対象）から構成される．したがって，工学教程は，博士課程教育の基盤形成に必要な工学知の徹底教育の指針でもある．工学教程の効用として次のことを期待している．

- 工学教程の全巻構成を示すことによって，各自の分野で身につけておくべき学問が何であり，次にどのような内容を学ぶことになるのか，基礎科目と自身の分野との間で学んでおくべき内容は何かなど，学ぶべき全体像を見通せるようになる．
- 東京大学工学部・工学系研究科のスタンダードとして何を教えるか，学生は何を知っておくべきかを示し，教育の根幹を作り上げる．
- 専門が進んでいくと改めて，新しい基礎科目の勉強が必要になることがある．そのときに立ち戻ることができる教科書になる．
- 基礎科目においても，工学部的な視点による解説を盛り込むことにより，常に工学への展開を意識した基礎科目の学習が可能となる．

東京大学工学教程編纂委員会　　委員長　大久保　達　也

幹　事　吉　村　　　忍

基礎系 物理学

刊行にあたって

　物理学関連の工学教程は全 13 巻を予定しており，その相互関連は次ページの図に示すとおりである．この図における「基礎」，「専門基礎」，「専門」の分類は，物理学に近い分野を専攻する学生を対象とした目安であり，矢印は各分野の相互関係および学習の順序のガイドラインを示している．その他の工学諸分野を専攻する学生は，そのガイドラインを参考に，適宜選択し，学習を進めて欲しい．「基礎」は，教養学部から 3 年程度の内容ですべての学生が学ぶべき基礎的事項であり，「専門基礎」は，4 年生から大学院で学科・専攻ごとの専門科目を理解するために必要とされる内容である．「専門」は，さらに進んだ大学院レベルの高度な内容である．工学教程全体の中では，数学で学ぶ論理の世界と現実の世界とを結び付けるのが物理学であり，ハードウェアに関わる全ての工学分野の基礎となる分野である．

＊　　　＊　　　＊

　量子力学は，ありとあらゆる自然現象を記述する理論体系であり，現代物理学の根幹を成すものである．工学的観点からも，微細領域に関わる技術はもちろん，量子力学由来の特性を持つ新材料や，量子力学の原理を活用した情報処理など，その重要性が高まっている．この「量子力学 I」では，量子力学の基礎的な内容について，1 粒子の運動の記述を中心にまとめている．波動関数，波動方程式による状態と運動の記述にはじまり，演算子や代数などの数学的道具を用いた理解についても学ぶ．具体的な事例として，1 次元ポテンシャル中の粒子の運動，古典力学には登場しないスピン自由度，磁場中の電子の運動などについてまとめている．また，近似計算の手法として，WKB 近似，変分法，摂動論について学ぶ．

東京大学工学教程編纂委員会
物理学編集委員会

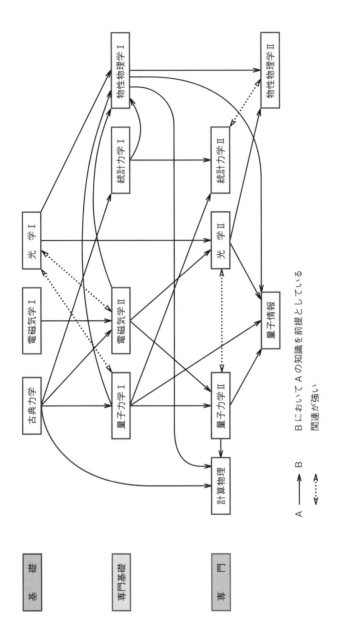

A ——→ B　　BにおいてAの知識を前提としている

A ◄┄┄┄► B　　関連が強い

基　礎

専門基礎

専　門

工学教程（物理学分野）相互関連図

目　　次

は じ め に 1

1 波束と波動方程式 3
　　1.1 重ね合せの原理 3
　　1.2 波束と不確定性 4
　　1.3 波 束 の 運 動 5
　　1.4 自由粒子運動の波動方程式 6

2 Schrödinger 方程式，波動関数，演算子とその交換関係 9
　　2.1 波動方程式と波動関数の解釈 9
　　2.2 確率密度と確率の保存 10
　　2.3 演算子と物理量の期待値 11
　　2.4 演算子とその交換関係 13
　　2.5 定 常 状 態 14

3 波動力学の原理 15
　　3.1 Hermite 演算子の固有関数と固有値 15
　　3.2 固有状態の重ね合わせと完全性 16
　　3.3 連続スペクトル 18
　　3.4 Dirac の 記 法 19

4 調 和 振 動 子 23
　　4.1 固有値と固有関数 23
　　4.2 演算子法による解法 25
　　4.3 コヒーレント状態 28

5　1次元矩形ポテンシャル問題 **33**
　5.1　ポテンシャル階段 33
　5.2　ポテンシャル障壁 36
　5.3　ポテンシャル井戸 38

6　WKB　近　似 **41**
　6.1　手　法 41
　6.2　接　続　公　式 42
　6.3　束縛状態への応用 45
　6.4　障　壁　の　透　過 46

7　変　分　法 **49**
　7.1　量子力学における変分計算 49
　7.2　Rayleigh-Ritz 試行関数 51

8　摂　動　論 **53**
　8.1　手　法 53
　8.2　縮　退　摂　動　論 56
　8.3　変分法と摂動論 58
　8.4　時間依存摂動論 59
　8.5　黄金則と遷移確率 60
　8.6　吸　収　断　面　積 61
　8.7　光　電　効　果 63

9　角　運　動　量 **65**
　9.1　軌道角運動量 65
　9.2　角運動量固有値問題 69
　9.3　球　面　調　和　関　数 71
　9.4　球対称ポテンシャル中の一体問題 74
　　　9.4.1　球　面　波 76
　　　9.4.2　井戸型ポテンシャル中の一体問題 77
　　　9.4.3　水素原子型ポテンシャル中の一体問題 78

10 ス　ピ　ン **83**

10.1 スピン演算子，Pauli 行列 83

10.2 スピンと回転 84

10.3 スピン角運動量と軌道角運動量の合成 85

10.4 密度行列とスピン分極 89

11 量子ダイナミクス **93**

11.1 時間発展演算子 93

11.2 演算子の時間発展：Heisenberg 描像 94

11.3 相互作用描像 96

11.4 遷移確率振幅 98

11.5 Feynman の経路積分 99

12 磁場中の電子 **103**

12.1 磁場中の電子の Schrödinger 方程式 103

12.2 一様磁場中の自由電子の運動 107

12.3 Zeeman 効果 108

参　考　文　献 **111**

お　わ　り　に **113**

索　　　引 **115**

は じ め に

　前世紀のはじめに確立した量子力学は，日常生活の経験からの実感が通じにくい難解な内容を多く含むものの，いまや理工系の多くの学科にとって重要な基幹科目のひとつとなっている．現代の科学技術の進展の多くが自然現象の微視的記述の上に成り立っており，理工学の非常に幅広い分野で量子力学に基づいた理解が求められていることがその理由であろう．

　本書は理工系の学部教育において，通常数学期にわたって講義される内容のうち，最初の一学期ないし二学期で学ぶ入門部分を簡潔にまとめたものである．具体的には，まず Schrödinger 方程式を導入して量子力学の基本原理を概観した後，調和振動子，井戸型ポテンシャルなどの代表的なポテンシャルのもとでの一体問題を取り扱った．これらの諸問題は，量子力学特有の考え方に慣れ親しむためにとても重要である．Schrödinger 方程式は多くの場合に近似を用いて解かれる．そのような近似計算を行うにあたって，正確に解ける場合の結果を知っておく必要があるが，本書前半の内容はそういった意味でも大切である．

　本書の中盤では，WKB 近似，摂動論，変分法などの各種近似法の考え方を説明した．これらの手法は非常に多くの場面で用いられるもので，量子力学を実際に使いこなすうえでとても有用な道具となる．

　量子力学的に状態を記述する際，エネルギーや運動量と並んでしばしば用いられる物理量に角運動量がある．軌道角運動量やスピン角運動量は物質中の電子状態を特徴づけるうえで中心的な役割を果たす．そこで本書の後半は角運動量に関する議論にあてた．最後に，時間発展の問題，磁場下の電子の問題も取り扱っている．多体問題など，より発展的な内容は『量子力学 II』で取り扱われている．

　読者が本書『量子力学 I』のあと，さらに本教程中の『量子力学 II』や『量子情報』を読み進めるにあたって少しでもお役にたてば幸いである．

1 波束と波動方程式

　20世紀初頭，原子などのミクロの世界を理解するうえで古典力学，電磁気学に限界があることが明らかになってきた．たとえば，Maxwell (マクスウェル) の方程式に従えば，原子核の周りを運動する電子は電磁場を放出してそのエネルギーを失う．その結果，電子は瞬時に原子核に落ち込んでしまい，あらゆる原子は極めて不安定な存在でなければならないことになる．このような問題を克服するため，人類は古典物理学では説明できないミクロの現象を記述する理論体系，量子力学の構築に取り組んできた．

　マクロな世界で古典力学が輝かしい成功を収めてきたことを考えれば，量子力学における基礎方程式はマクロの世界で古典力学における基礎方程式と一致すべきである．したがって与えられた量子系に対してその古典極限がどうあるべきかを考えることは比較的わかりやすい．一方でその逆，すなわち，与えられた古典系に対してそれに対応する量子系がどうあるべきかを考えることはまったく非自明な問題である．たとえば，10章でより詳しく議論するように量子力学では電子に対してスピンとよばれる内部自由度を考えるが，スピン自由度という概念は古典力学には存在しない．存在しない自由度についての基礎方程式を考えることはまさに雲をつかむような話である．このように与えられた古典力学を「量子化」することは本来とても難しい問題といえる．

　このことをふまえたうえで，本章では，ミクロな世界では物質が粒子として振る舞うと同時に波としての性質もあわせもつという前提に立って，量子力学の基礎方程式がどのような形をしているべきかについて予備的な考察を行う．まず，粒子を波動の重ね合わせである波束という描像で表現し，その波束の運動を考察することから自由粒子運動を記述する波動方程式を議論する．

1.1 重ね合せの原理

　最初に，1次元の弦の振動を考察することから始めよう．場所 x，時刻 t における弦の変位 $u(x,t)$ の振る舞いは以下の**波動方程式**で表現される．

$$\frac{\partial^2}{\partial t^2} u(x,t) = v^2 \frac{\partial^2}{\partial x^2} u(x,t)$$

ここで v は波の速さを表す．この方程式の解として，平面波の解

$$\psi_k(x,t) = \frac{1}{\sqrt{2\pi}} \exp(\mathrm{i}(kx - \omega_k t))$$

を考えることができる．ただし k は波数，ω_k は周波数であり，$v = \omega_k/k$ の関係が成立する．また，以下の議論の都合上，規格化定数として $1/\sqrt{2\pi}$ を導入した．

ここで，ψ_{k_1} および ψ_{k_2} が波動方程式の解であるとき，c_1, c_2 を複素数の定数として $c_1\psi_{k_1} + c_2\psi_{k_2}$ も波動方程式の解となる．これは波動方程式が解について線形であることに由来し，**重ね合せの原理**とよばれる．波数 k は連続変数であるから $a(k)$ を k の任意の関数として

$$\psi(x,t) = \frac{1}{\sqrt{2\pi}} \int_{-\infty}^{\infty} a(k) \exp(\mathrm{i}(kx - \omega_k t))dk \tag{1.1}$$

も波動方程式の解である．

$t = 0$ のときは

$$\psi(x,t=0) = \frac{1}{\sqrt{2\pi}} \int_{-\infty}^{\infty} a(k) \exp(\mathrm{i}kx)dk$$

であり，$\psi(x,t=0)$ と $a(k)$ は Fourier（フーリエ）変換で関係づけられることがみてとれる．したがって

$$a(k) = \frac{1}{\sqrt{2\pi}} \int_{-\infty}^{\infty} \psi(x,t=0) \exp(-\mathrm{i}kx)dx$$

である．

1.2　波束と不確定性

前節における $\psi(x,t=0)$ として，波束

$$\psi(x,t=0) = A \exp(\mathrm{i}k_0 x) \exp\left(-\frac{x^2}{2\Delta^2}\right)$$

を考えてみよう．これは $x = 0$ 近傍に Δ 程度の幅で局在する波で，A は規格化定数である．このとき，$a(k)$ は

$$a(k) = \frac{A}{\sqrt{2\pi}} \int_{-\infty}^{\infty} \exp\left(-\frac{x^2}{2\Delta^2}\right) \exp(-\mathrm{i}(k - k_0)x)dx$$

$$= A\Delta \exp\left(-\frac{\Delta^2}{2}(k_0 - k)^2\right) \tag{1.2}$$

となる．この結果から，$a(k)$ は波数 k_0 を中心に幅 $1/\Delta$ 程度の広がりをもつことがわかる．すなわち実空間で幅 Δ 程度に局在した波をつくりたければ，その材料として波数空間で幅 $1/\Delta$ 程度の範囲の平面波が必要だということである．実空間と波数空間の広がり Δx，Δk の積は

$$\Delta x \Delta k \sim \Delta/\Delta = 1$$

となり，Δ によらない．この位置と波数の**不確定性関係**は単に Fourier 変換から帰結される事実であるが，2 章ではこれと密接に関連する事項として量子論における位置と運動量の不確定性について議論する．

1.3 波束の運動

弦の波動方程式の場合，周波数 ω_k と波数 k の間には $\omega_k = vk$ という関係があるが，より一般に ω_k が k の関数 $\omega(k)$ である場合を考えよう．$\omega(k)$ は k について滑らかな関数であるとし，$k = k_0$ の周りで

$$\omega(k) \sim \omega(k_0) + (k - k_0)\left(\frac{d\omega}{dk}\right)_{k=k_0} + \frac{1}{2}(k - k_0)^2\left(\frac{d^2\omega}{dk^2}\right)_{k=k_0}$$
$$\equiv \omega(k_0) + v_{\mathrm{g}}(k - k_0) + \xi(k - k_0)^2$$

と展開する．ここで

$$v_{\mathrm{g}} = \frac{d\omega}{dk}$$

を群速度とよぶ．

この $\omega(k)$ を式 (1.1) における ω_k の代わりに用いると

$$\psi(x,t) = \frac{1}{\sqrt{2\pi}}\int_{-\infty}^{\infty} a(k)\exp(\mathrm{i}(kx - \omega(k)t))dk$$
$$= \frac{A\Delta}{\sqrt{2\pi}}\exp\left(\mathrm{i}(k_0 x - \omega(k_0)t)\right)$$
$$\times \int_{-\infty}^{\infty} dk'\exp(-\frac{\Delta^2}{2}k'^2)\exp(-\mathrm{i}\xi k'^2 t)\exp\left(\mathrm{i}k'(x - v_{\mathrm{g}}t)\right)$$
$$= A\exp\left(\mathrm{i}(k_0 x - \omega(k_0)t)\right)\sqrt{\frac{1}{1 + 2\mathrm{i}\xi t/\Delta^2}}\exp\left(-\frac{(x - v_{\mathrm{g}}t)^2}{2\Delta^2(1 + 2\mathrm{i}\xi t/\Delta^2)}\right)$$
$$\tag{1.3}$$

と書くことができる．$1/(1 + 2\mathrm{i}\xi t/\Delta^2)$ の実部が $1/(1 + 4\xi^2 t^2/\Delta^4)$ であることを考慮すると，波束が時間の経過とともにその広がりを増しながら群速度 v_g で移動していることがわかる．

1.4   自由粒子運動の波動方程式

粒子の速度 $v = dE/dp = p/m$ を波束の群速度 v_g と同一視すると

$$v_\mathrm{g} = \frac{d\omega}{dk} = \frac{p}{m} \tag{1.4}$$

となる．一方，1905 年，Einstein (アインシュタイン) は**光電効果**[*1]を説明するにあたって，振動数 ω の光は $\hbar\omega$ のエネルギーをもつ粒子として振る舞うと考えた．電子のようなミクロの粒子もこの Einstein の関係をもつならば

$$E = \hbar\omega = \frac{p^2}{2m} \tag{1.5}$$

となる．この式 (1.4) および (1.5) は

$$p = \hbar k$$

であれば成立する．これが **de Broglie** (ド・ブロイ) **の関係式**である．

以上の E, p と k, ω の関係を使うと

$$\psi(x,t) = \frac{1}{\sqrt{2\pi}} \int_{-\infty}^{\infty} a(k) \exp\left(\frac{\mathrm{i}(px - Et)}{\hbar}\right) dk$$

と書ける．ここから自由粒子の関係 $E = p^2/2m$ を導く波動方程式として

$$\mathrm{i}\hbar\frac{\partial\psi(x,t)}{\partial t} = -\frac{\hbar^2}{2m}\frac{\partial^2\psi(x,t)}{\partial x^2} \tag{1.6}$$

が考えられる．ここでエネルギーと運動量には

$$E \to \mathrm{i}\hbar\frac{\partial}{\partial t}$$

$$p \to -\mathrm{i}\hbar\frac{\partial}{\partial x}$$

[*1]　物質に光を照射するとその表面から電子が飛び出す．この効果を光電効果とよぶ (8.7 節参照)．光電効果について当時以下の性質があることが知られていた．まず，特定の振動数より低い光をどんなに照射しても電子は飛び出さない．飛び出した電子のエネルギーは光の振動数に比例する．照射する光の強度を強めても飛び出す電子のエネルギーは増加せず，その数が増加する．

という対応関係があることがみてとれる．ここまで 1 次元系を仮定してきたが 3
次元への拡張も容易に考えることができ，対応関係を

$$E \to i\hbar \frac{\partial}{\partial t}$$
$$\boldsymbol{p} \to -i\hbar \nabla$$

とすればよい．これを量子力学の**対応原理**とよぶ．

　この原理に従えば，たとえば運動量は単なる数 (古典的 (classical) な量という
意味で c 数とよばれる) ではなく，空間座標に関する微分という演算子 (c 数に対
応して，量子的 (quantum) な量という意味で q 数とよばれる) である．次章で述
べるように，量子力学では物理量を演算子で表現する．このことを明示するため，
以下，本書では q 数にはたとえば $\hat{p}$ のように`^`をつけることとする．

2 Schrödinger 方程式，波動関数，演算子とその交換関係

前章で導入された自由粒子運動の波動方程式を拡張し，ポテンシャルエネルギー V が存在する場合の波動方程式 (Schrödinger (シュレーディンガー) 方程式) を導入する．ついで Schrödinger 方程式の解の波動関数にはどのような意味があるかを議論する．また，量子力学において位置，運動量，エネルギーといった物理量がどのように計算されるか，その結果に古典力学の結果とどのような差異があるか，について概観する．

2.1 波動方程式と波動関数の解釈

前章では自由粒子の波動方程式 (1.6) を導入した．ポテンシャルエネルギーが存在する場合には，前章で述べた対応原理に従い，右辺にポテンシャルエネルギーの寄与を加え

$$i\hbar\frac{\partial\psi(\boldsymbol{r},t)}{\partial t} = \left(\frac{-\hbar^2}{2m}\Delta + V(\boldsymbol{r})\right)\psi(\boldsymbol{r},t) \tag{2.1}$$

という式を考えることができる．これを **Schrödinger 方程式**とよぶ．また演算子

$$\hat{H} = \frac{-\hbar^2}{2m}\Delta + V(\boldsymbol{r}) \tag{2.2}$$

を**ハミルトニアン**とよぶ．前章で扱った波動方程式と同様，Schrödinger 方程式は波動関数について 1 次の項だけを含む．したがって重ね合せの原理が成立する．また，時間については 1 階微分だけを含むので，ある時刻における波動関数の値が与えられれば，その後の時刻の波動関数が決められる．

Schrödinger 方程式の解である波動関数 ψ について，Born (ボルン) は次のような意味付けをした．すなわち時刻 t，場所 $\boldsymbol{r}$ において粒子が存在する相対確率は

$$\rho(\boldsymbol{r},t) \equiv |\psi(\boldsymbol{r},t)|^2$$

で与えられる．$\rho(\boldsymbol{r},t)$ を**確率密度**とよぶ．

2.2 確率密度と確率の保存

前節で導入された確率密度を使って，確率の保存を議論しよう．準備として，ま
ず **連続の方程式** を導出する．以下，簡単のため 1 次元系を考えよう．ある物理量
M が x において単位長さあたり $m(x)$ の密度で分布するとする．$x_0 < x < x_0 + \Delta x$
の領域において (もし M の湧き出しがなければ)，単位時間あたりの M の変化
量は $\partial m / \partial t \Delta x$ で表されるが，この量は x_0 において領域に流入する流束 $j(x)$ と
$x_0 + \Delta x$ で領域から流出する流束 $j(x + \Delta x)$ の差と等しい．すなわち $\Delta x \to 0$ の
極限で

$$\frac{\partial m}{\partial t} = -\frac{dj}{dx}$$

が成立する (図 2.1 参照)．3 次元系ではこの議論を拡張して

$$\frac{\partial m}{\partial t} + \nabla \cdot \boldsymbol{j} = 0$$

が成立する．これを連続の方程式とよぶ．

波動関数から計算されるある領域に含まれる確率密度の積分についても同様の
議論ができる．確率密度を時間微分すると

$$\frac{\partial}{\partial t} \int_a^b \rho(x,t) dx = -\frac{\hbar}{i} \frac{1}{2m} \int_a^b \left(\psi^* \frac{\partial^2 \psi}{\partial x^2} - \frac{\partial^2 \psi^*}{\partial x^2} \psi \right) dx$$
$$= -\frac{\hbar}{i} \frac{1}{2m} \left[\psi^* \frac{\partial \psi}{\partial x} - \frac{\partial \psi^*}{\partial x} \psi \right]_{x=b} + \frac{\hbar}{i} \frac{1}{2m} \left[\psi^* \frac{\partial \psi}{\partial x} - \frac{\partial \psi^*}{\partial x} \psi \right]_{x=a}$$

となる．ここで確率密度の流れを

$$j_x(x,t) = \frac{\hbar}{i} \frac{1}{2m} \left[\psi^* \frac{\partial \psi}{\partial x} - \frac{\partial \psi^*}{\partial x} \psi \right] \tag{2.3}$$

とすると

$$\frac{\partial}{\partial t} \int_a^b \rho(x,t) dx = -j_x(b,t) + j_x(a,t)$$

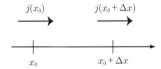

図 **2.1**   1 次元系で $x_0 < x < x_0 + \Delta x$ の領域に流束 $j(x_0)$ が流入，流束 $j(x_0 + \Delta x)$
が流出する様子

となる．ここで $b = a + \Delta x$ として

$$\frac{\partial}{\partial t}\int_x^{x+\Delta x} \rho(x,t)dx = -j_x(x+\Delta x, t) + j_x(x,t)$$

であるから

$$\frac{\partial \rho(x,t)}{\partial t} + \frac{\partial j_x(x,t)}{\partial x} = 0$$

が導ける．3 次元の場合は同様の議論から

$$\frac{\partial \rho(\boldsymbol{r},t)}{\partial t} + \nabla \cdot \boldsymbol{j} = 0$$

となる．これが局所的確率の保存を表す連続の方程式である．

2.3 演算子と物理量の期待値

次章以降により詳しくみるがここで波動関数を使って物理量がどのように計算されるかを概観しておこう．まず，波動関数 $\psi_i(\boldsymbol{r},t)$ と $\psi_j(\boldsymbol{r},t)$ の内積を次のように定義する．

$$\int d^3\boldsymbol{r}\psi_i^*(\boldsymbol{r},t)\psi_j(\boldsymbol{r},t)$$

ここで積分は全空間で行う．もし波動関数が空間のある特定の領域に局在している場合にはその領域に制限してよい．自分自身との内積の平方根を**ノルム**とよび，これが 1 になるように規格化すると $\rho(\boldsymbol{r},t) \equiv |\psi(\boldsymbol{r},t)|^2$ は粒子が存在する絶対確率密度となる．平面波 $\exp(\mathrm{i}\boldsymbol{k}\boldsymbol{r} - \omega t)$ のように全空間で 2 乗積分すると発散するような波動関数については次章で考えることとし，以下では十分遠方で波動関数は 0 となるとする．

前章で述べたように，量子力学においては，物理量は波動関数に作用する**演算子**で表される．たとえば，2.1 節で導入したハミルトニアン $\hat{H}$ はエネルギーに対応する演算子である．運動量に対応する演算子は前章で議論したとおり $\hat{\boldsymbol{p}} = -\mathrm{i}\hbar\nabla$ であり，位置に対応する演算子は $\hat{\boldsymbol{r}} = \boldsymbol{r}$ である．ある物理量 A の期待値 $\langle A \rangle$ はその物理量に対応する演算子 $\hat{A}$ を規格化した波動関数に作用させ，演算子を作用させる前の波動関数との内積を計算すればよい．すなわち

$$\langle A \rangle = \int d^3\boldsymbol{r}\psi^*(\boldsymbol{r},t)\left(\hat{A}\psi(\boldsymbol{r},t)\right) \tag{2.4}$$

である．

　これを使って以下の **Ehrenfest** (エーレンフェスト) の定理を示してみよう．すなわち位置と運動量の期待値 $\langle \boldsymbol{r} \rangle$ と $\langle \boldsymbol{p} \rangle$ について，古典力学に類似した以下の関係が成り立つ．

$$\langle \boldsymbol{p} \rangle = m\frac{d}{dt}\langle \boldsymbol{r} \rangle \tag{2.5}$$

$$\frac{d}{dt}\langle \boldsymbol{p} \rangle = -\langle \nabla V(\boldsymbol{r}) \rangle \tag{2.6}$$

式 (2.5) は Schrödinger 方程式を使って以下のように示す．

$$\frac{d}{dt}\langle \boldsymbol{r} \rangle = \int \frac{\partial \psi^*}{\partial t}\boldsymbol{r}\psi d^3\boldsymbol{r} + \int \psi^* \boldsymbol{r}\frac{\partial \psi}{\partial t}d^3\boldsymbol{r}$$

$$= -\frac{i\hbar}{2m}\left[\int (\Delta\psi^*)\,\boldsymbol{r}\psi - \psi^*\boldsymbol{r}\,(\Delta\psi)\right]d^3\boldsymbol{r}$$

ここで部分積分を 2 回行い，波動関数が無限遠でゼロになることから

$$\frac{d}{dt}\langle \boldsymbol{r} \rangle = -\frac{i\hbar}{2m}\left[\int \psi^*\Delta\,(\boldsymbol{r}\psi)\,d^3\boldsymbol{r} - \int \psi^*\boldsymbol{r}\,(\Delta\psi)\,d^3\boldsymbol{r}\right]$$

$$= \frac{1}{m}\int \psi^*\frac{\hbar}{i}\nabla\psi d^3\boldsymbol{r}$$

$$= \frac{\langle \boldsymbol{p} \rangle}{m}$$

となる．

　式 (2.6) も同様に Schrödinger 方程式を使って以下のように示せる．

$$\frac{d}{dt}\langle \boldsymbol{p} \rangle = \frac{\hbar}{i}\left[\int \frac{\partial \psi^*}{\partial t}\nabla\psi d^3\boldsymbol{r} + \int \psi^*\nabla\frac{\partial \psi}{\partial t}d^3\boldsymbol{r}\right]$$

$$= \int \left(-\frac{\hbar^2}{2m}\Delta\psi^* + V\psi^*\right)\nabla\psi d^3\boldsymbol{r} - \int \psi^*\nabla\left(-\frac{\hbar^2}{2m}\Delta\psi + V\psi\right)d^3\boldsymbol{r}$$

$$= \int \psi^*\left[V\nabla\psi - \nabla(V\psi)\right]d^3\boldsymbol{r} + \frac{\hbar^2}{2m}\int \left[\psi^*\Delta(\nabla\psi) - (\nabla\psi)(\Delta\psi^*)\right]d^3\boldsymbol{r}$$

$$= \int \psi^*\left[V\nabla\psi - \nabla(V\psi)\right]d^3\boldsymbol{r} + \frac{\hbar^2}{2m}\int_S \left[\psi^*\frac{\partial \nabla\psi}{\partial n} - (\nabla\psi)\frac{\partial \psi^*}{\partial n}\right]dS$$

である．最後の式変形には Green (グリーン) の定理を使って表面積分に直している．$\partial/\partial n$ は面 S の法線方向への微分である．この表面積分は波動関数が遠方でゼロになることからその寄与は考えなくてよい．したがって，第一項の寄与のみ残り，

$$\frac{d}{dt}\langle \boldsymbol{p} \rangle = -\int \psi^*(\nabla V)\psi d^3\boldsymbol{r} = -\langle \nabla V \rangle$$

となる．

2.4 演算子とその交換関係

演算子は一般に演算の順序によって異なる結果を与える. 演算子 $\hat{A}$ と $\hat{B}$ について,

$$[\hat{A}, \hat{B}] = \hat{A}\hat{B} - \hat{B}\hat{A}$$

を**交換子**という. また, 交換子の関係を交換関係とよぶ. たとえば, 位置の演算子 $\hat{x}$ と x 方向の運動量演算子 $\hat{p}_x$ の交換関係は

$$[\hat{x}, \hat{p}_x]\psi = \frac{\hbar}{i}x\frac{\partial}{\partial x}\psi - \frac{\hbar}{i}\frac{\partial}{\partial x}(x\psi)$$
$$= i\hbar\psi$$

であるから $[\hat{x}, \hat{p}_x] = i\hbar$ である.

ここで $\hat{x}$ と $\hat{p}_x$ を例にとって, 二つの演算子の交換子がゼロでない場合 (二つの演算子が交換しない場合), 対応する物理量の期待値の標準偏差を同時にゼロにすることはできないことをみておこう. 一般に物理量 A の期待値の標準偏差 δA は

$$\delta A \equiv \sqrt{\langle (A - \langle A \rangle)^2 \rangle}$$

である. δx と δp_x が同時にゼロにならないことを示すために, $\int |\psi|^2 dx = 1$ と規格化された 1 次元の波動関数 ψ について実数 λ の関数 $I(\lambda)$ を考えよう.

$$I(\lambda) \equiv \int \left| x\psi + \lambda\frac{\partial}{\partial x}\psi \right|^2 dx$$
$$= \int |x\psi|^2 dx + \lambda \int \left[\frac{\partial \psi^*}{\partial x}x\psi + x\psi^*\frac{\partial \psi}{\partial x} \right] dx + \lambda^2 \int \left| \frac{\partial \psi}{\partial x} \right|^2 dx$$
$$= \int |x\psi|^2 dx + \lambda \int x\frac{\partial |\psi|^2}{\partial x}dx + \lambda^2 \int \left| \frac{\partial \psi}{\partial x} \right|^2 dx$$

波動関数が遠方でゼロになることから部分積分により

$$I(\lambda) = \int \psi^* x^2 \psi dx - \lambda \int |\psi|^2 dx - \lambda^2 \int \psi^*\frac{\partial^2 \psi}{\partial x^2}dx$$
$$= \langle x^2 \rangle - \lambda + \lambda^2 \frac{\langle p_x^2 \rangle}{\hbar^2}$$

となる. 任意の λ で I が正であることから I を λ の 2 次式とみたとき, 判別式はゼロ以下でなければならない.

$$1 - 4\langle x^2 \rangle \langle p_x^2 \rangle / \hbar^2 \leq 0$$

すなわち $\delta x \delta p_x \geq \hbar/2$ がいえる．これを**不確定性原理**とよぶ．つまり，量子力学においては，古典力学と異なり，位置と運動量が両方とも確定した状態はあり得ないことがわかる．

2.5　定　常　状　態

ここでポテンシャル V が時間に依存しない場合を考えよう．簡単のため，1 次元系を考える．Schrödinger 方程式は

$$i\hbar \frac{\partial}{\partial t}\psi(x,t) = \left[-\frac{\hbar^2}{2m}\frac{\partial^2}{\partial x^2} + V(x) \right] \psi(x,t)$$

である．この微分方程式を変数分離法によって解くことを考える．すなわち

$$\psi(x,t) = \phi(x)f(t)$$

として，これを Schrödinger 方程式に代入すると

$$\frac{i\hbar}{f(t)}\frac{d}{dt}f(t) = \frac{1}{\phi(x)}\left[-\frac{\hbar^2}{2m}\frac{d^2}{dx^2}\phi(x) + V(x)\phi(x) \right]$$

という式が得られる．左辺は t だけの関数で，右辺は x だけの関数であるから，両辺とも x, t によらない定数でなければならない．この定数を E とすると

$$-\frac{\hbar^2}{2m}\frac{d^2}{dx^2}\phi(x) + V(x)\phi(x) = E\phi(x) \tag{2.7}$$

および

$$i\hbar \frac{d}{dt}f(t) = Ef(t) \tag{2.8}$$

が得られる．式 (2.7) を時間に依存しない Schrödinger 方程式とよぶ．式 (2.8) は容易に積分できて，

$$f(t) = \exp\left(\frac{-iEt}{\hbar} \right)$$

という答えが得られる．

この解については，$|\psi(x,t)|^2 = |\phi(x)|^2$ であるから，すべての x で確率密度が時間によらない (**定常状態**)．また，$\int \psi^* \hat{H}\psi dx = \int \phi^* \hat{H}\phi dx = E$ であることから，この定常状態のエネルギーが E であることもわかる．

3 波動力学の原理

前章で述べたように，量子力学ではすべての物理量に演算子を対応させる．本章では，まず演算子に対する固有値，固有波動関数という概念を導入する．物理量に対応する演算子の固有値は実数でなければならないが，そのためには演算子が Hermite (エルミート) 性という性質をもつ必要があることを議論する．また，Hermite 演算子の固有波動関数が規格直交基底を構成することを示す．ある Hermite 演算子が観測可能量に対応しているとき，その固有関数は完全系を構成し，任意の波動関数は固有関数の重ね合わせで表現できる．このことを固有値が離散的である場合と連続的である場合について議論する．

3.1 Hermite 演算子の固有関数と固有値

ある演算子 $\hat{A}$ と波動関数 ϕ_n および複素数 a_n について

$$\hat{A}\phi_n = a_n\phi_n$$

が成立するとき，ϕ_n を $\hat{A}$ の**固有関数**，a_n を**固有値**とよぶ．ここで n は固有関数，固有値を区別するための添え字で**量子数**という．当面の間 n は離散的な値をとるものとし，連続的な場合は後で議論する．また，複数の ϕ_n が同じ固有値をとることはない (縮退がない) とし，縮退がある場合は本節の最後に考察する．

量子力学においては，固有状態 ϕ_n に対して演算子 $\hat{A}$ に対応する物理量を測定するとその測定値 a_n は実数でなければならない，という前提に立つ．そこで以下，実数の固有値を与える演算子とはどんな演算子かを考えてみよう．二つの演算子 $\hat{A}$ と $\hat{B}$ に対し，

$$\int \psi_i^*(\hat{A}\psi_j)d^3\boldsymbol{r} = \int (\hat{B}\psi_i)^*\psi_j d^3\boldsymbol{r}$$

が任意の ψ_i と ψ_j について成立するとき，$\hat{B}$ を $\hat{A}^\dagger$ と書いて **Hermite 共役**な演算子という．特に $\hat{A}^\dagger = \hat{A}$ が成立するとき $\hat{A}$ を Hermite 演算子という．Hermite 演算子の固有値は実数でなければならない．これは

$$a_n = \int \phi_n^*(\hat{A}\phi_n)d^3\boldsymbol{r} = \int (\hat{A}\phi_n)^*\phi_n d^3\boldsymbol{r} = a_n^*$$

によって示される．以上の議論から物理量を表す演算子は Hermite 演算子でなければならないといえる．

また，

$$\int \phi_n^*\hat{A}\phi_m d^3\boldsymbol{r} = \int (\hat{A}\phi_n)^*\phi_m d^3\boldsymbol{r}$$

であることから，$(a_n - a_m)\int \phi_n^*\phi_m d^3\boldsymbol{r} = 0$ がいえる．もし固有値に縮退がなく a_n と a_m が異なるならば，$\int \phi_n^*\phi_m d^3\boldsymbol{r} = 0$ である．また，固有関数が空間の有限領域に存在していてそのノルムを 1 に規格化できるとき，$\hat{A}$ の固有関数は規格直交条件

$$\int \phi_n^*\phi_m d^3\boldsymbol{r} = \delta_{nm}$$

を満たす．δ_{nm} は Kronecker (クロネッカー) のデルタとよばれるもので，$n = m$ のとき 1, それ以外で 0 である．

最後に固有値に縮退があって，固有値 a_n をとる状態が $\phi_n^{(j)}$ ($j = 1, 2, \ldots$) と複数ある場合を考えよう．この場合は Gram-Schmidt (グラム–シュミット) の直交化の手続きに従えばよい．まず

$$\tilde{\phi}_n^{(1)} = \phi_n^{(1)}$$

とおく．次に

$$c_2\tilde{\phi}_n^{(2)} = \phi_n^{(2)} - \tilde{\phi}_n^{(1)}\int \tilde{\phi}_n^{(1)*}\phi_n^{(2)}d^3\boldsymbol{r}$$

を考える．規格化定数 c_2 は $\tilde{\phi}_n^{(2)}$ のノルムが 1 になるように定める．この $\tilde{\phi}_n^{(2)}$ が $\tilde{\phi}_n^{(1)}$ と直交することは両辺に $\tilde{\phi}_n^{(1)*}$ をかけて積分すれば容易に確認できる．同様の手順を繰り返して $\tilde{\phi}_n^{(j)}$ ($j = 3, \ldots$) を

$$c_j\tilde{\phi}_n^{(j)} = \phi_n^{(j)} - \sum_{k=1}^{j-1}\tilde{\phi}_n^{(k)}\int \tilde{\phi}_n^{(k)*}\phi_n^{(j)}d^3\boldsymbol{r}$$

のようにつくれば，規格直交条件を満たす固有関数の集合をつくることができる．

3.2 固有状態の重ね合わせと完全性

前節で述べたように，もし状態が $\hat{A}$ の固有状態 ϕ_n にあれば，その測定値は a_n で確定する．しかしながら，もし状態が特定の固有状態になく，固有状態の

重なりで

$$\psi = \sum_n c_n \phi_n$$

のように書ける場合は，ある 1 回の測定では，複数個ある a_n の中のある一つの a_n が測定される．量子力学では，その 1 回の測定でどの a_n が測定されるかは予言できず，どの a_n がどれくらいの確率で測定されるか，が問題となる．その確率分布は $|c_n|^2$ で与えられる．

ここで，ある Hermite 演算子が観測可能量に対応するための条件について考える．観測可能である，ということは測定される値が a_n の中のどれかであるということを意味し，確率 $|c_n|^2$ について

$$\sum_n |c_n|^2 = 1$$

が任意の (規格化された) 状態について成立しなければならない．すなわち任意の ψ が ϕ_n の線形和で書ける．このとき，ϕ_n は **完全系**を成すという．ここで注意すべきことは，ある演算子が Hermite であっても Hermite 条件を満たす固有関数が完全系を構成しない場合，観測可能量を表さないということである[*1]．

物理量 A の期待値 $\langle A \rangle$ は，固有値 a_n が確率 $|c_n|^2$ で観測されることから $\langle A \rangle = \sum_n a_n |c_n|^2$ で計算できる．この式は前章の式 (2.4) と等価であること，すなわちある物理量 A の期待値 $\langle A \rangle$ はその物理量に対応する演算子 $\hat{A}$ を規格化した波動関数に作用させ，演算了を作用させる前の波動関数との内積を計算すればよいことは，以下のように確かめられる．

$$\langle A \rangle = \int d^3 \boldsymbol{r} \psi^* \hat{A} \psi$$
$$= \sum_{n,m} c_n^* c_m \int d^3 \boldsymbol{r} \phi_n (\hat{A} \phi_m)$$
$$= \sum_{n,m} c_n^* c_m a_m \delta_{nm}$$

[*1] 一つの例として 9 章で議論する 3 次元極座標系における動径運動量演算子

$$\hat{p}_r = \frac{\hbar}{i} \frac{1}{r} \frac{\partial}{\partial r} r = \frac{\hbar}{i} \left[\frac{\partial}{\partial r} + \frac{1}{r} \right]$$

がある．この演算子が Hermite であるためには波動関数 ψ は $r \to 0$ で $r\psi \to 0$ でなければならないが固有関数は $\exp(ipr/\hbar)/r$ で与えられ，その条件を満たさない．つまり，Hermite 条件を満たす固有関数の完全系が存在しない．

$$= \sum_n a_n |c_n|^2$$

3.3 連続スペクトル

　前節まで物理量 $\hat{A}$ の固有値 a_n が離散的で，波動関数が固有関数 $\{\phi_n\}$ の線形和で表せる場合を考えた．本節では固有値 a が連続スペクトルをとる場合を考えよう．

　まず，準備として Dirac (ディラック) のデルタ関数 $\delta(x)$ を導入する．これは

$$\int_{-\infty}^{\infty} \delta(x) dx = 1$$

かつ $x \neq 0$ で

$$\delta(x) = 0$$

であるような関数である．この関数を用いると，

$$\int f(x) \delta(x-a) dx = f(a)$$

のように関数 $f(x)$ の $x=a$ での値を抽出することができる．

　次に波動関数 ψ を級数和ではなく積分形で展開することを考えよう．

$$\psi = \int c_a \phi_a da \tag{3.1}$$

ここで積分は a のとり得る値の全範囲にわたって行われる．

　波動関数の規格化は，離散スペクトルの場合の

$$\int d^3 \boldsymbol{r} \psi^* \psi = \sum_n |c_n|^2 = 1$$

にならい，

$$\int d^3 \boldsymbol{r} \psi^* \psi = \int da |c_a|^2 = 1$$

とおくことにする．この式に式 (3.1) を代入すれば

$$\int d^3 \boldsymbol{r} \phi_a^* \phi_{a'} = \delta(a-a')$$

が示せる．これが連続スペクトルの場合の直交規格条件である．これをみると固有値が異なる場合固有関数は直交すること，個々の固有関数のノルムは発散するこ

とがみてとれる．これまで波動関数はそのノルムが 1 に規格化できる場合を考え
てきたが，運動量演算子 $\hat{p}_x$ のように固有値が連続的な値をとり，固有関数 ($\hat{p}_x$ の
場合は平面波) の絶対値をとって全空間で積分すると発散してしまう場合は Dirac
のデルタ関数を使って規格化すればよいことがわかる*2．

　この直交条件を使えば

$$c_a = \int d^3 \boldsymbol{r} \phi_a^* \psi \tag{3.2}$$

が成立することもわかる．すなわち

$$\psi = \int da \phi_a \int d^3 \boldsymbol{r} \phi_a^* \psi \tag{3.3}$$

である．このことから

$$\int da \phi_a^*(\boldsymbol{r}) \phi_a(\boldsymbol{r}') = \delta(\boldsymbol{r} - \boldsymbol{r}') \tag{3.4}$$

が示せる．この式が連続スペクトルの場合の完全性を表すものである．離散スペ
クトルの場合，式 (3.2)，(3.3)，(3.4) はそれぞれ

$$c_n = \int d^3 \boldsymbol{r} \phi_n^* \psi$$

$$\psi = \sum_n \phi_n \int d^3 \boldsymbol{r} \phi_n^* \psi$$

$$\sum_n \phi_n^*(\boldsymbol{r}) \phi_n(\boldsymbol{r}') = \delta(\boldsymbol{r} - \boldsymbol{r}') \tag{3.5}$$

であり，非常に似た形をしている．

3.4　Dirac の 記 法

　前節で，波動関数 ψ を完全系を成す正規直交関数系 ϕ_n や ϕ_a の線形結合で表
現することを考えたが，このことは 3 次元ベクトル空間において，任意ベクトル
$\vec{A}$ を直交単位ベクトル $\vec{e}_1, \vec{e}_2, \vec{e}_3$ の線形和で

$$\vec{A} = x\vec{e}_1 + y\vec{e}_2 + z\vec{e}_3 = \begin{pmatrix} x \\ y \\ z \end{pmatrix}$$

---

*2　平面波のもう一つの規格化の方法として，その存在領域を有限な体積 L^3 に限ってしまって周期
　境界条件を課すというものがある．この場合，固有関数は $\phi = L^{-3/2} \exp(i\boldsymbol{p} \cdot \boldsymbol{r}/\hbar)$ となり，波
　数 k_x, k_y, k_z は n を整数として $2\pi n/L$ という離散的な値をとることになる．この固有関数は
　完全系を成す．

と表現することと似ている．つまり

$$\psi = \begin{pmatrix} c_1 \\ c_2 \\ \vdots \\ c_\infty \end{pmatrix}$$

のように ψ がベクトルであるかのように捉えることができる．またこれに共役な
ベクトル

$$\psi^\dagger = (c_1^*, c_2^*, \ldots, c_\infty^*)$$

も考えることができる．この事情を考慮して $\psi, \psi^\dagger$ をそれぞれ無限次元空間の状
態ベクトルとみなして，$|\psi\rangle, \langle\psi|$ と書いて**ケットベクトル**，**ブラベクトル**とよぶ
(Dirac の記法).

　ここである正規直交基底 $\{\phi_n\}$ を考えると

$$\int d^3\boldsymbol{r}\,\phi_n^*\phi_m = \delta_{nm}$$

が成立するので，$\psi_1 = \sum_n c_n^{(1)}\phi_n$ と $\psi_2 = \sum_n c_n^{(2)}\phi_n$ の間の積分を計算すると

$$\int d^3\boldsymbol{r}\,\psi_1^*\psi_2 = \sum_{n,m} c_n^{(1)\,*} c_m^{(2)} \int d^3\boldsymbol{r}\,\phi_n^*\phi_m = \sum_n c_n^{(1)\,*} c_n^{(2)}$$

となる．この結果は ψ_1 と ψ_2 の間の積分がベクトルの内積とみなせることを表し
ている．このことから，以下，ψ_1 と ψ_2 の間の積分を

$$\int d^3\boldsymbol{r}\,\psi_1^*\psi_2 = \langle\psi_1|\psi_2\rangle$$

とブラケットで表現するものとする．

　Dirac の記法に慣れるためにさらに例をみてみよう．1 次元系の波動関数 $|\psi\rangle$ を
展開する基底関数として，実空間で位置 $x_1, x_2, \ldots, x_\infty$ に局在した関数 $|x_a\rangle$ を考
えてみる．この場合，$x_1, x_2, \ldots, x_\infty$ は連続的な値をとるので必ずしも厳密では
ないが

$$|\psi\rangle = \begin{pmatrix} \psi(x_1) \\ \psi(x_2) \\ \vdots \\ \psi(x_\infty) \end{pmatrix} = \int |x_a\rangle\langle x_a|\psi\rangle\,da$$

のように表されると考えてよい. ここで $|\psi\rangle$ の特別な場合として, $|x_b\rangle$ を考えると

$$\langle x_a | x_b \rangle = \delta(x_a - x_b)$$

がいえる.

次に, $\{|\phi_n\rangle\}$ が完全系を成すことが Dirac の記法でどう表現されるかをみてみよう. $\{|\phi_n\rangle\}$ が完全系ならば任意の状態ベクトル $|\psi\rangle$ が $|\psi\rangle = \sum c_n |\phi_n\rangle$ と表現できる. ここで $c_n = \langle\phi_n|\psi\rangle$ なので

$$|\psi\rangle = \sum_n |\phi_n\rangle\langle\phi_n|\psi\rangle$$

である. すなわち

$$\sum_n |\phi_n\rangle\langle\phi_n| = 1$$

である. これを両側から $\langle x|$ および $|x'\rangle$ ではさむと前節の式 (3.5)

$$\sum_n \phi_n^*(x')\phi_n(x) = \sum_n \langle x'|\phi_n\rangle\langle\phi_n|x\rangle = \langle x'|x\rangle = \delta(x - x')$$

となる. もし離散固有値だけでなく連続固有値ももつ場合, 完全性の条件は

$$\sum_n |\phi_n\rangle\langle\phi_n| + \int da |\phi_a\rangle\langle\phi_a| = 1$$

と表せる. ここまで 1 次元系を考えてきたが 3 次元系への拡張は明らかである.

最後に, 物理量およびその期待値を Dirac の記法によって表現することを, x 方向の運動量 $\hat{p}_x$ を例にとって考えよう. 状態 $\psi(\boldsymbol{r})$ に対する x 方向の運動量の期待値 $\langle p_x \rangle$ は

$$\langle p_x \rangle = \int d^3\boldsymbol{r}\,\psi^*(\boldsymbol{r})\frac{\hbar}{\mathrm{i}}\frac{\partial}{\partial x}\psi(\boldsymbol{r})$$

によって求められる. これはブラベクトル, ケットベクトルを使って

$$\langle p_x \rangle = \int d^3\boldsymbol{r}\,\langle\psi|\boldsymbol{r}\rangle\frac{\hbar}{\mathrm{i}}\frac{\partial}{\partial x}\langle\boldsymbol{r}|\psi\rangle$$

$$= \langle\psi|\left(\int d^3\boldsymbol{r}|\boldsymbol{r}\rangle\frac{\hbar}{\mathrm{i}}\frac{\partial}{\partial x}\langle\boldsymbol{r}|\right)|\psi\rangle$$

と書ける. そこで, 演算子 $\hat{p}_x$ を

$$\hat{p}_x = \int d^3\boldsymbol{r}|\boldsymbol{r}\rangle\frac{\hbar}{\mathrm{i}}\frac{\partial}{\partial x}\langle\boldsymbol{r}| \tag{3.6}$$

とすると

$$\langle p_x \rangle = \langle \psi | \hat{p}_x | \psi \rangle$$

と表せる.

ところで,式 (3.6) は $\hat{p}_x$ の固有関数 (平面波 $\langle \boldsymbol{r} | p_x \rangle = (2\pi\hbar)^{-1/2} \exp(\mathrm{i} p_x x/\hbar)$)
を使って,次のように書き直せる.

$$\begin{aligned}
\hat{p}_x &= \int d^3\boldsymbol{r} |\boldsymbol{r}\rangle \frac{\hbar}{\mathrm{i}} \frac{\partial}{\partial x} \langle \boldsymbol{r}| \\
&= \int d^3\boldsymbol{r} \int dp_x dp'_x |p_x\rangle \langle p_x|\boldsymbol{r}\rangle \frac{\hbar}{\mathrm{i}} \frac{\partial}{\partial x} \langle \boldsymbol{r}|p'_x\rangle \langle p'_x| \\
&= \int dp_x |p_x\rangle p_x \langle p_x| \tag{3.7}
\end{aligned}$$

一般に演算子を式 (3.7) のように書くことを**スペクトル表示**という.

4 調和振動子

Schrödinger 方程式が厳密に解ける例として，調和振動子の例を考える．固体中の格子振動 (フォノン) はもとより，本教程『量子力学 II』で詳しく扱われるように電磁場も無限個の調和振動子の系とみなせるなど，調和振動子のハミルトニアンは非常に重要である．まず，微分方程式を解くことにより，波動関数が Hermite 多項式とよばれる多項式を使って表現できることを示す．ついで，演算子法とよばれる手法で解き，同じ固有値と固有関数が得られることを確認する．さらに，そこで登場する生成消滅演算子の固有状態の特徴を概観する．

4.1 固有値と固有関数

本章でも簡単のため 1 次元系を考えることにする[*1]．次の Schrödinger 方程式を考えよう．

$$-\frac{\hbar^2}{2m}\frac{d^2\psi(x)}{dx^2} + \frac{m\omega^2 x^2}{2}\psi(x) = E\psi(x) \tag{4.1}$$

このハミルトニアンの第 1 項は運動エネルギー項で，第 2 項は原点からの距離の 2 乗に比例する束縛ポテンシャル項である．古典力学においては，ω は調和振動子の振動数を表す．ここで無次元の変数

$$\xi = \frac{x}{b}$$

$$b = \sqrt{\frac{\hbar}{m\omega}}$$

$$\epsilon = \frac{2E}{\hbar\omega}$$

を導入して方程式を書き換えると

$$\frac{d^2\psi}{d\xi^2} + (\epsilon - \xi^2)\psi = 0$$

[*1] 以下の議論は 3 次元調和振動子のポテンシャルが

$$\frac{m\omega^2 r^2}{2} = \frac{m\omega^2}{2}(x^2 + y^2 + z^2)$$

なので x, y, z について簡単に変数分離でき，容易に 3 次元系に適用できる．

が導ける. $\xi \to \pm\infty$ では

$$\frac{d^2\psi}{d\xi^2} - \xi^2\psi = 0$$

となる. この方程式もすぐに解けるわけではないが, 漸近的に $\psi \sim \exp(\pm\xi^2/2)$ と振る舞うことが予想される. $\pm$ のうち, $x \to \infty$ で発散しない解を採用し,

$$\psi(\xi) = f(\xi)\exp\left(-\frac{\xi^2}{2}\right)$$

とおいて $f(\xi)$ についての方程式を求めると

$$\frac{d^2 f(\xi)}{d\xi^2} - 2\xi\frac{df(\xi)}{d\xi} + (\epsilon - 1)f(\xi) = 0$$

となる. この $f(\xi)$ を $\sum_n a_n\xi^n$ と級数展開し, 各べきで比較すると係数 a_n について次の式が導ける.

$$(n+1)(n+2)a_{n+2} = (2n - \epsilon + 1)a_n \tag{4.2}$$

よって a_0 を与えれば偶パリティの解 $a_0 + a_2\xi^2 + a_4\xi^4 + \cdots$ が, a_1 を与えれば奇パリティの解 $a_1 + a_1\xi + a_3\xi^3 + \cdots$ が得られる.

ここで n が大きいところでは

$$a_n \sim \frac{2}{n}a_{n-2}$$

であることから $f(\xi)$ の偶パリティの解は

$$\sum_m \frac{a_0}{m!}\xi^{2m} = a_0\exp(\xi^2)$$

のように振る舞う. これを使うと $\psi \sim a_0\exp(-\xi^2/2)\exp(\xi^2) = a_0\exp(\xi^2/2)$ になって $\xi \to \pm\infty$ で発散してしまう. 同様の問題は奇パリティの解にも存在する. したがって, $f(\xi) = \sum_n a_n\xi^2$ の級数は有限の n で切れなければならない. つまり式 (4.2) において右辺の $(2n - \epsilon + 1)$ がある n でゼロになる. よって

$$E = \hbar\omega\left(n + \frac{1}{2}\right)$$

である.

ところで常微分方程式

$$\left(\frac{d^2}{dx^2} - 2x\frac{d}{dx} + 2n\right)H_n(x) = 0$$

を満たす多項式 $H_n(x)$ は **Hermite 多項式**とよばれ，次式 (Rodrigues (ロドリゲス) の公式) で与えられる．

$$H_n(x) = (-1)^n \exp(x^2) \frac{d^n}{dx^n} \exp(-x^2)$$

n が小さい場合の具体形を書き下すと

$$H_0(x) = 1$$
$$H_1(x) = 2x$$
$$H_2(x) = 4x^2 - 2$$
$$H_3(x) = 8x^3 - 12x$$

となる．したがって，ハミルトニアンの規格直交化された固有関数は

$$\psi_0(x) = \left(\frac{1}{\pi b^2}\right)^{\frac{1}{4}} \exp\left(-\frac{x^2}{2b^2}\right)$$

$$\psi_1(x) = \left(\frac{4}{\pi b^2}\right)^{\frac{1}{4}} \exp\left(-\frac{x^2}{2b^2}\right) \left(\frac{x}{b}\right)$$

$$\psi_2(x) = \left(\frac{4}{\pi b^2}\right)^{\frac{1}{4}} \exp\left(-\frac{x^2}{2b^2}\right) \left[\left(\frac{x}{b}\right)^2 - \frac{1}{2}\right]$$

$$\psi_3(x) = \left(\frac{4}{9\pi b^2}\right)^{\frac{1}{4}} \exp\left(-\frac{x^2}{2b^2}\right) \left[\left(\frac{x}{b}\right)^3 - \frac{3}{2}\left(\frac{x}{b}\right)\right]$$

である．これを図 4.1 に具体的にプロットした．n が大きくなると空間的により広がって節の数が一つずつ増えていくことがみてとれる．

4.2 演算子法による解法

前節で解いた調和振動子の問題を演算子法によって解いてみよう．まず座標演算子 $\hat{x}$ と運動量演算子 $\hat{p}_x$ から無次元化した演算子

$$\hat{Q} = \sqrt{\frac{m\omega}{\hbar}}\hat{x}$$

$$\hat{P} = \sqrt{\frac{1}{m\hbar\omega}}\hat{p}_x$$

を導入する．これらの演算子の交換関係を計算すると

$$[\hat{Q}, \hat{P}] = i$$

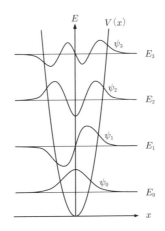

図 4.1 調和振動子ポテンシャル $V(x)$ と固有関数 ψ_n. 固有エネルギー E_n が低い順に四つの状態を示している. それぞれの波動関数の値がゼロになる無限大の極限で値が固有エネルギーと同じになるように縦軸をずらして書いている.

となる. 次に

$$\hat{a}^\dagger = \frac{1}{\sqrt{2}}(\hat{Q} - \mathrm{i}\hat{P})$$

$$\hat{a} = \frac{1}{\sqrt{2}}(\hat{Q} + \mathrm{i}\hat{P})$$

を導入する. これらの演算子は**生成消滅演算子**とよばれている. 交換関係を計算すると

$$[\hat{a}, \hat{a}^\dagger] = 1$$

となる. ここで数演算子 $\hat{N} = \hat{a}^\dagger\hat{a}$ を導入しよう. $\hat{N}$ と生成消滅演算子の交換関係は

$$[\hat{N}, \hat{a}^\dagger] = \hat{a}^\dagger$$

$$[\hat{N}, \hat{a}] = -\hat{a}$$

である.
　ハミルトニアンは

$$\hat{H} = \frac{1}{2}\hbar\omega(\hat{P}^2 + \hat{Q}^2)$$

$$= \hbar\omega \left(\hat{a}^\dagger \hat{a} + \frac{1}{2} \right)$$

$$= \hbar\omega \left(\hat{N} + \frac{1}{2} \right)$$

と書ける. そこで数演算子の固有関数 $|n\rangle$ を考えよう. $|n\rangle$ の固有値を n とすると

$$n = \langle n|\hat{N}|n\rangle = \langle \hat{a}n|\hat{a}n\rangle \geq 0$$

つまり n には下限がある. そこで最小の固有値をもつ状態を $|0\rangle$ とする.

ここで $\hat{a}^\dagger|n\rangle$ および $\hat{a}|n\rangle$ に $\hat{N}$ を作用させることを考える.

$$\hat{N}\hat{a}^\dagger|n\rangle = (\hat{a}^\dagger \hat{N} + \hat{a}^\dagger)|n\rangle = (n+1)\hat{a}^\dagger|n\rangle$$

同様に

$$\hat{N}\hat{a}|n\rangle = (n-1)\hat{a}|n\rangle$$

すなわち生成消滅演算子は $\hat{N}$ の固有値の値を 1 ずつ増減させる.

$$\hat{a}|n\rangle = c|n-1\rangle$$

であるが,

$$\langle n|\hat{a}^\dagger \hat{a}|n\rangle = n$$

なので位相を適当に選び, $c = \sqrt{n}$ となる. 同様に

$$\hat{a}^\dagger|n\rangle = \sqrt{n+1}|n+1\rangle$$

がいえる.

一方, $\hat{N}$ の固有値には下限があるので

$$\hat{a}|0\rangle = 0$$

である. つまり数演算子の一番小さな固有値は 0 で, $\hat{N}$ は 0 以上の整数の固有値をもつことがわかった. このことからハミルトニアンの固有値は $\hbar\omega(n+1/2)$ で, n は 0 以上の整数であることが示せ, 前節の結果が再現された.

基底状態 $\psi_0(x) = \langle x|0\rangle$ の具体形を求めておこう.

$$\left(\hat{x} + \frac{\mathrm{i}\hat{p}_x}{m\omega} \right) |0\rangle = 0$$

は

$$\left(x + \frac{\hbar}{m\omega} \frac{\partial}{\partial x} \right) \langle x|0 \rangle = 0$$

という微分方程式になるが，これを解いて規格化して $\langle x|0 \rangle$ を求めると

$$\langle x|0 \rangle = \left(\frac{m\omega}{\pi\hbar} \right)^{\frac{1}{4}} \exp \left(-\frac{m\omega x^2}{2\hbar} \right)$$

$$= \left(\frac{1}{\pi b^2} \right)^{\frac{1}{4}} \exp \left(-\frac{x^2}{2b^2} \right)$$

が得られ，前節の結果が再現される．

4.3　コヒーレント状態

ここで前節で導入した消滅演算子 $\hat{a}$ の固有状態

$$\hat{a}|\alpha\rangle = \alpha|\alpha\rangle$$

がどのような状態であるかを考えよう．この状態を**コヒーレント状態**とよぶ[*2].

$$\langle n+1|\alpha\rangle = \frac{\alpha}{\sqrt{n+1}} \langle n|\alpha\rangle$$

に注意すると

$$\langle n|\alpha\rangle = \frac{\alpha^n}{\sqrt{n!}} \langle 0|\alpha\rangle$$

がいえる．$|n\rangle$ が観測量であるエネルギーの固有状態であることから

$$\sum_{n=0}^{\infty} |n\rangle\langle n| = 1$$

であり，これらを利用すると

$$|\alpha\rangle = \sum_{n=0}^{\infty} |n\rangle\langle n|\alpha\rangle$$

$$= \langle 0|\alpha\rangle \sum_{n=0}^{\infty} \frac{\alpha^n}{\sqrt{n!}} |n\rangle \tag{4.3}$$

[*2]　レーザー光などのコヒーレントな状態を表現するのに適した状態であることからこのようによばれる．

である．$|\alpha\rangle$ が規格化されているなら

$$|\langle\alpha|\alpha\rangle|^2 = |\langle 0|\alpha\rangle|^2 \sum_{n=0}^{\infty} \frac{|\alpha|^{2n}}{n!}$$

$$= |\langle 0|\alpha\rangle|^2 \exp(|\alpha|^2)$$

$$= 1$$

より

$$\langle 0|\alpha\rangle = \exp\left(-\frac{|\alpha|^2}{2}\right)$$

がいえる．これを式 (4.3) に代入すると

$$|\langle n|\alpha\rangle|^2 = \exp\left(-|\alpha|^2\right) \frac{|\alpha|^{2n}}{n!}$$

がいえる．つまり，状態 $|\alpha\rangle$ にある調和振動子を観測して $n\hbar\omega$ というエネルギーを見出す確率は Poisson (ポアソン) 分布に従う．また

$$|\alpha\rangle = \exp\left(-\frac{|\alpha|^2}{2}\right) \sum_{n=0}^{\infty} \frac{(\alpha\hat{a}^{\dagger})^n}{n!}|0\rangle$$

$$= \exp\left(-\frac{|\alpha|^2}{2}\right) \exp(\alpha\hat{a}^{\dagger})|0\rangle \tag{4.4}$$

となる．

この $\{|\alpha\rangle\}$ は完全系を成すことを確認しておこう．固有値 α についての積分をその絶対値 $r = |\alpha|$ と位相 $\theta = \arg\alpha$ の積分に直すと

$$\frac{1}{\pi}\int |\alpha\rangle\langle\alpha| d^2\alpha = \frac{1}{\pi}\int_0^{2\pi} d\theta \int_0^{\infty} rdr \exp(-r^2) \sum_{n=0}^{\infty}\sum_{m=0}^{\infty} \frac{r^{n+m}}{\sqrt{n!m!}}$$

$$\times \exp(\mathrm{i}(n-m)\theta)|n\rangle\langle m|$$

$$= 2\int_0^{\infty} rdr \exp(-r^2) \sum_{n=0}^{\infty} \frac{r^{2n}}{n!}|n\rangle\langle n|$$

$$= 2\sum_{n=0}^{\infty} \frac{|n\rangle\langle n|}{n!} \int_0^{\infty} r^{2n+1}\exp(-r^2)dr$$

$$= \sum_{n=0}^{\infty} |n\rangle\langle n| = 1$$

がいえる. 一方,

$$\langle \alpha | \beta \rangle = \exp\left(-\frac{1}{2}|\alpha|^2\right) \exp\left(-\frac{1}{2}|\beta|^2\right) \sum_{n=0}^{\infty} \frac{(\alpha^*\beta)^n}{n!}$$
$$= \exp\left(\alpha^*\beta - \frac{1}{2}|\alpha|^2 - \frac{1}{2}|\beta|^2\right)$$
$$\neq 0$$

であるため, $\{|\alpha\rangle\}$ は直交系ではなく, 過完備系である. つまり任意の $|\alpha\rangle$ は自分以外の基底の線形和で表現できてしまう.

さて, ここで $|\alpha\rangle$ の具体的イメージをつかむためにその位置表示を求めてみよう. 式 (4.4) より

$$\langle x | \alpha \rangle = \exp(-\frac{|\alpha|^2}{2})\langle x| \exp(\alpha \hat{a}^\dagger)|0\rangle$$
$$= \exp(-\frac{|\alpha|^2}{2}) \exp\left(\sqrt{\frac{m\omega}{2\hbar}}\alpha x - \sqrt{\frac{\hbar}{2m\omega}}\alpha \frac{d}{dx}\right) \langle x|0\rangle$$

ここで一般に

$$\exp(\hat{A} + \hat{B}) = \exp(\hat{A}) \exp(\hat{B}) \exp\left(-\frac{[\hat{A}, \hat{B}]}{2}\right)$$

および

$$\exp\left[c\frac{d}{dx}\right] f(x) = \sum_{n=0}^{\infty} \frac{1}{n!} \left[c\frac{d}{dx}\right]^n f(x)$$
$$= f(x + c)$$

であることを用いると

$$\langle x | \alpha \rangle = \left(\frac{m\omega}{\pi\hbar}\right)^{\frac{1}{4}} \exp\left[-\frac{1}{2}(|\alpha|^2 - \alpha^2)\right] \exp\left[-\frac{m\omega}{2\hbar}\left(x - \alpha\sqrt{\frac{2\hbar}{m\omega}}\right)^2\right] \quad (4.5)$$

であることが示せる. $\langle x|\alpha \rangle$ は Gauss (ガウス) 波束である. 一般に Gauss 波束

$$\psi(x) = (\pi\sigma^2)^{-1/4} \exp\left(-\frac{x^2}{2\sigma^2}\right)$$

について $\langle x \rangle$ と $\langle p_x \rangle$ の標準偏差を計算すると，それぞれ $\sigma^2/2$ および $\hbar^2/(2\sigma^2)$ になる[*3]．このことを使うと $\langle x|\alpha \rangle$ の $\langle x \rangle$ と $\langle p_x \rangle$ の標準偏差は

$$\Delta x = \sqrt{\frac{\hbar}{2m\omega}}$$

$$\Delta p_x = \sqrt{\frac{\hbar m\omega}{2}}$$

と求められる．$\Delta x \Delta p_x = \hbar/2$ で α によらず最小不確定状態になっている．一方，エネルギーの固有状態の場合は基底状態の $|0\rangle$ のみが最小不確定状態であることに注意しよう．

次にコヒーレント状態の時間発展をみてみよう．2.5 節の議論に従えば，時刻 $t = 0$ で $|n\rangle$ にある状態は $|n(t)\rangle = \exp(-\mathrm{i}(n+1/2)\omega t)|n\rangle$ と時間発展する．このことと式 (4.3) より，$|\alpha(t)\rangle$ は $|\alpha\rangle$ において α を $\alpha\exp(-\mathrm{i}\omega t)$ に置き換え，全体に $\exp(-\mathrm{i}\omega t/2)$ という因子を付け加えたものになっていることがわかる．したがって，コヒーレント状態は時間によらず位置と運動量の最小不確定状態で，確率密度はその中心の位置に変化があるものの，広がりなど形は変えない[*4]．

最後に位置と運動量の期待値の時間依存性を求めておこう．$t = 0$ では

$$\langle x \rangle = \sqrt{\frac{\hbar}{2m\omega}}\langle \alpha|\left(\hat{a}^\dagger + \hat{a}\right)|\alpha\rangle$$

$$= \sqrt{\frac{\hbar}{2m\omega}}(\alpha^* + \alpha)$$

$$\langle p_x \rangle = \mathrm{i}\sqrt{\frac{\hbar m\omega}{2}}\langle \alpha|\left(\hat{a}^\dagger - \hat{a}\right)|\alpha\rangle$$

$$= \mathrm{i}\sqrt{\frac{\hbar m\omega}{2}}(\alpha^* - \alpha)$$

であるから，時刻 t では

$$\langle x(t) \rangle = \sqrt{\frac{2\hbar}{m\omega}}\left[(\mathrm{Re}\alpha)\cos(\omega t) + (\mathrm{Im}\alpha)\sin(\omega t)\right]$$

$$\langle p_x(t) \rangle = \sqrt{2\hbar m\omega}\left[(-\mathrm{Re}\alpha)\sin(\omega t) + (\mathrm{Im}\alpha)\cos(\omega t)\right]$$

となり，古典的な調和振動子と似た振動をすることがわかる．

[*3] 公式

$$\int_{-\infty}^{\infty} x^{2n}\exp(-\alpha^2 x^2)dx = \frac{(2n-1)!!}{2^n}\sqrt{\frac{\pi}{a^{4n+2}}}$$

などを用いるとよい．

---

*4　これはコヒーレント状態の特別な性質である. このことをみるため, 調和ポテンシャルがない場合に波束

$$\psi(x,0) = (\pi\sigma^2)^{-\frac{1}{4}} \exp\left(-\frac{x^2}{2\sigma^2} + \mathrm{i}k_0 x\right)$$

がどのように時間変化するかを式 (1.2) を使って計算すると

$$\psi(x,t) = \left(\frac{\sigma^2}{4\pi^3}\right)^{\frac{1}{4}} \int_{-\infty}^{\infty} dk \exp\left(-\frac{\sigma^2}{2}(k-k_0)^2 + \mathrm{i}\left(kx - \frac{\hbar k^2}{2m}t\right)\right)$$

となる. ここで平面波の時間発展が

$$\exp\left(-\frac{\mathrm{i}\hbar k^2}{2m}t\right)$$

で与えられることを使った. 式 (1.3) と同様の計算をすると

$$\psi(x,t) = (\pi\sigma^2)^{-\frac{1}{4}} \left(1 + \frac{\mathrm{i}\hbar t}{m\sigma^2}\right)^{-\frac{1}{2}} \exp\left(-\frac{x^2 - 2\mathrm{i}\sigma^2 k_0 x + (\mathrm{i}\hbar t k_0^2 \sigma^2/m)}{2\sigma^2 + (2\mathrm{i}\hbar t/m)}\right)$$

となる. 確率密度は

$$|\psi(x,t)|^2 = (\pi\sigma(t)^2)^{-\frac{1}{2}} \exp\left(-\frac{(x - \hbar k_0 t/m)^2}{\sigma(t)^2}\right)$$

$$\sigma(t)^2 = \sigma^2 \left(1 + \frac{\hbar^2 t^2}{m^2\sigma^4}\right)$$

となる. 1.3 節でみた波束の運動と同様, 確率密度の中心は $\hbar k_0 t/m$ で移動し, その広がりは時間とともに増えていく.

5 1次元矩形ポテンシャル問題

前章につづいて，Schrödinger 方程式が解ける例として1次元矩形ポテンシャルの問題を考える．矩形ポテンシャルとは階段ポテンシャルや井戸型ポテンシャルなど，区分的にポテンシャルエネルギーが一定値をとるポテンシャルである．本章では，まずポテンシャルに階段状の構造や障壁がある場合について，粒子がどのように透過，反射されるかを考える．さらに井戸型のポテンシャルがある場合について，粒子がどのように閉じ込められるかを議論する．何れのポテンシャルも非常に簡単化された，人工的なものであるが，トンネル効果など，量子力学特有の現象をみることができる．

5.1 ポテンシャル階段

1次元の Schrödinger 方程式

$$\frac{-\hbar^2}{2m}\frac{d^2}{dx^2}\psi(x) + V(x)\psi(x) = E\psi(x)$$

を考える．ポテンシャルとして階段状の構造

$$V(x) = \begin{cases} V_0 & (x \geq 0) \\ 0 & (x < 0) \end{cases}$$

がある場合の問題を解いてみよう (図 5.1 参照)．ここで $V_0 > 0$ とする．

古典力学で $x < 0$ の領域から $x \geq 0$ の領域に進む粒子を考えると，$x < 0$ における運動エネルギー (ポテンシャルエネルギーがこの領域では存在しないので全

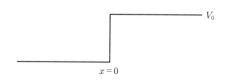

図 **5.1** 階段ポテンシャル

エネルギーと等しい) が V_0 より小さい場合,粒子は跳ね返される.一方,V_0 より大きい場合は減速して $x \geq 0$ の領域を進む.量子力学では,以下に示すように,$x < 0$ での運動エネルギーが V_0 より小さい場合でも $x \geq 0$ の領域に波動関数が有限の長さで浸み込むし,運動エネルギーが V_0 より大きい場合でも反射される確率がある.

まず $x < 0$ の場合を考えると,ポテンシャルエネルギーがないので波動関数は

$$\psi = A_1 \exp(\mathrm{i}kx) + A_2 \exp(-\mathrm{i}kx)$$

と書くことができる.ただし $k = \sqrt{2mE}/\hbar$ である.次に $x \geq 0$ について,$E \leq V_0$ の場合を考えてみよう.この場合,Schrödinger 方程式の解は $\kappa = \sqrt{2m(V_0 - E)}/\hbar$ として

$$\psi = B_1 \exp(\kappa x) + B_2 \exp(-\kappa x)$$

であるが,$x \to \infty$ で発散しない解を採用するので $B_1 = 0$ である.

以上で $x \geq 0$ と $x < 0$ における波動関数の形がわかったので,定数 A_1, A_2, B_2 の値を境界条件から定めよう.境界条件は波動関数 ψ と $d\psi/dx$ が $x = 0$ で連続につながるということであるが,後者の条件は以下のような直観的議論で理解できる.Schrödinger 方程式を $-\epsilon < x < \epsilon$ の領域で積分する.

$$-\frac{\hbar^2}{2m} \int_{-\epsilon}^{\epsilon} \frac{d^2}{dx^2} \psi(x) dx = E \int_{-\epsilon}^{\epsilon} \psi(x) dx - \int_{-\epsilon}^{\epsilon} V(x)\psi(x) dx$$

ここで右辺は $\epsilon \to 0$ で 0 になるので,左辺から $\epsilon \to 0$ で

$$\left(\frac{d\psi}{dx}\right)_{\epsilon} - \left(\frac{d\psi}{dx}\right)_{-\epsilon} = 0$$

がいえる.

よって $x = 0$ における境界条件は

$$A_1 + A_2 = B_2$$

$$\mathrm{i}kA_1 - \mathrm{i}kA_2 = -\kappa B_2$$

となる.これを解くと

$$A_2 = \frac{k - \mathrm{i}\kappa}{k + \mathrm{i}\kappa} A_1 = A_1 \exp(-2\mathrm{i}\delta)$$

$$B_2 = \frac{2k}{k + \mathrm{i}\kappa} A_1 = 2A_1 \exp(-\mathrm{i}\delta) \cos\delta$$

が求まる．ただし $\cos(\delta) = k/\sqrt{k^2 + \kappa^2}$ である．A_1 の値は波動関数の規格化から求められるが，$A_1 = A/2 \exp(\mathrm{i}\delta)$ とおくことにすると

$$\psi(x) = \begin{cases} A\cos(kx + \delta) & (x < 0) \\ A\exp(-\kappa x)\cos(\delta) & (x \geq 0) \end{cases}$$

ここで 2.2 節で議論した確率の流れ j を計算しておこう．

$$j = \frac{\hbar}{2\mathrm{i}m}\left(\psi^* \frac{d\psi}{dx} - \frac{d\psi^*}{dx}\psi\right)$$

を $x < 0$ の入射成分

$$\psi_{\mathrm{in}} = A\exp(\mathrm{i}kx + \delta)$$

について求めると $\hbar k |A|^2/m$ となる．同様に，反射成分

$$\psi_{\mathrm{out}} = A\exp(-\mathrm{i}kx - \delta)$$

について同様の計算をすると $-\hbar k |A|^2/m$ となる．一方，$x \geq 0$ の部分については，確率の流れはゼロになることが確かめられ，古典粒子の運動同様完全に反射される様子がみてとれる．ただし，古典力学とは異なり，$x \geq 0$ の領域にも波動関数が浸み出し，有限の確率でポテンシャルの内部に粒子が存在する．

次に $E > V_0$ の場合を考えよう．$x \geq 0$ での波動関数を

$$\psi = C_1 \exp(\mathrm{i}k'x) + C_2 \exp(-\mathrm{i}k'x)$$

とおく．ただし $k' = \sqrt{2m(E - V_0)}/\hbar$ である．$x < 0$ の領域から $x \geq 0$ の領域に入射し，透過していく状況を考えるので $C_2 = 0$ とおこう．$E < V_0$ の場合と同様 $x = 0$ における境界条件から

$$A_2 = \frac{k - k'}{k + k'}A_1$$

$$C_1 = \frac{2k}{k + k'}A_1$$

と求まる．

$E \leq V_0$ のときと同様にして確率の流れ j を計算しておこう．$x < 0$ では

$$j = \frac{\hbar}{2\mathrm{i}m}\left(\psi^* \frac{d\psi}{dx} - \frac{d\psi^*}{dx}\psi\right) = \frac{\hbar k}{m}(|A_1|^2 - |A_2|^2)$$

である．同様に $x \geq 0$ では

$$j = \frac{\hbar k'}{m}|C_1|^2$$

であるので，反射率 R と透過率 T はそれぞれ

$$R = \frac{|A_2|^2}{|A_1|^2} = \left(\frac{k - k'}{k + k'}\right)^2$$

$$T = \frac{k'}{k}\frac{|C_1|^2}{|A_1|^2} = \frac{4kk'}{(k + k')^2}$$

となる．$R + T = 1$ が成立していることは容易に確認できる．T は E と V_0 を使うと

$$T = \frac{4\sqrt{1 - V_0/E}}{(1 + \sqrt{1 - V_0/E})^2}$$

であるから，$E \gg V_0$ で $T \to 1$ となる．これは古典力学での直観とも合致する結果である．一方，$E \to V_0$ では $T \to 0$ となる．このように古典力学で反射が起こらない状況でも量子力学では部分的な反射，部分的な透過が起こる．

5.2　ポテンシャル障壁

次に，$-a \leq x \leq a$ で正のポテンシャル V_0 がある場合 (図 5.2 参照) を考える．

$$V(x) = \begin{cases} V_0 & (-a \leq x \leq a) \\ 0 & (x < -a, x > a) \end{cases}$$

ここで x が負の方向から正の方向に向かって粒子が入射した場合にどのように反射，透過するかを考えよう．古典力学では入射エネルギーが V_0 より小さければ透過することがないが，量子力学では有限の確率で透過する．これをトンネル効果という．前節と同様の考え方でまずは $E \leq V_0$ の場合を考えよう．

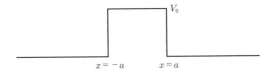

図 5.2　ポテンシャル井戸，ポテンシャル障壁の場合

$$\psi(x) = \begin{cases} A_1 \exp(\mathrm{i}kx) + A_2 \exp(-\mathrm{i}kx) & (x < -a) \\ B_1 \exp(\kappa x) + B_2 \exp(-\kappa x) & (-a \le x \le a) \\ C_1 \exp(\mathrm{i}kx) & (x > a) \end{cases}$$

とおく. $x > a$ の領域では正の方向に伝搬する波しか考えない. $x = \pm a$ における境界条件から

$$A_1 = C_1 \exp(2\mathrm{i}ka) \left(\frac{k^2 - \kappa^2}{2\mathrm{i}k\kappa} \sinh 2\kappa a + \cosh 2\kappa a \right)$$

$$A_2 = C_1 \frac{k^2 + \kappa^2}{2\mathrm{i}k\kappa} \sinh 2\kappa a$$

$$B_1 = C_1 \exp(-\kappa a) \frac{\kappa + \mathrm{i}k}{2\kappa} \exp(\mathrm{i}ka)$$

$$B_2 = C_1 \exp(\kappa a) \frac{\kappa - \mathrm{i}k}{2\kappa} \exp(\mathrm{i}ka)$$

と求められる. 透過確率は前節と同様の手続きで

$$T = \frac{|C_1|^2}{|A_1|^2} = \frac{4k^2 \kappa^2}{4k^2 \kappa^2 + (k^2 + \kappa^2)^2 \sinh^2 2\kappa a}$$

と求められる. V_0 が大きな極限で

$$T \sim \frac{16k^2}{\kappa^2} \exp(-4\kappa a)$$

となり, 透過率はポテンシャル障壁の厚みに対して指数関数的に減衰することがわかる.

　次に $E > V_0$ の場合を考えてみよう. この場合, 波動関数は

$$\psi(x) = \begin{cases} A_1 \exp(\mathrm{i}kx) + A_2 \exp(-\mathrm{i}kx) & (x < -a) \\ B_1 \exp(\mathrm{i}k'x) + B_2 \exp(-\mathrm{i}k'x) & (-a \le x \le a) \\ C_1 \exp(\mathrm{i}kx) & (x > a) \end{cases}$$

とおく. $E \le V_0$ の場合と同様の計算により

$$T = \frac{4k^2 k'^2}{4k^2 k'^2 + (k^2 - k'^2)^2 \sin^2 2k'a} \tag{5.1}$$

と求められる. ここで興味深いのは, $2k'a = n\pi$ (n は整数) を満たすときのみ透過率 T が 1 になることで, それ以外では T は 1 より小さくなる. 古典的粒子の場

合，そのエネルギーが障壁より大きければ，エネルギーの値によらず必ずその障壁を乗り越えるが，量子力学では完全透過は障壁に定在波が立っている場合にのみ実現する．

5.3 ポテンシャル井戸

最後に，$-a \leq x \leq a$ で負の閉じ込めポテンシャル $-V_0$ がある場合 (図 5.3 参照) を考える．

まずは束縛状態に着目し，$0 > E > -V_0$ とする．波動関数として

$$\psi(x) = \begin{cases} A \exp(\rho x) & (x < -a) \\ B_1 \sin kx + B_2 \cos kx & (-a \leq x \leq a) \\ C \exp(-\rho x) & (x > a) \end{cases}$$

を考える．ただし $\rho = \sqrt{-2mE/\hbar^2}$，$k = \sqrt{2m(E+V_0)/\hbar^2}$ である．$x = \pm a$ において ψ および $d\psi/dx$ が連続であることから

$$A \exp(-\rho a) = -B_1 \sin ka + B_2 \cos ka$$

$$\rho A \exp(-\rho a) = k B_1 \cos ka + k B_2 \sin ka$$

$$C \exp(-\rho a) = B_1 \sin ka + B_2 \cos ka$$

$$-\rho C \exp(-\rho a) = k B_1 \cos ka - k B_2 \sin ka$$

が導ける．これを解くと $B_1 B_2 = 0$ が示せる．すなわち，波動関数は原点を中心に偶関数か奇関数かになる．偶関数の場合，$B_1 = 0$ として

$$\rho = k \tan ka$$

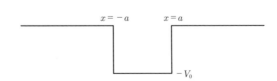

図 **5.3** ポテンシャル井戸．閉じ込めポテンシャルの場合

奇関数の場合，$B_2 = 0$ として

$$\rho = -k \cot ka$$

が得られる．これらの条件式と $\rho^2 + k^2 = 2mV_0/\hbar^2$ を連立して E の値が求められる．E は連続的な値をとることができず，離散的な値をとることがわかる[*1]．図 5.4 にこれらの関数をプロットした．ただし ka および ρa をそれぞれ η, ξ とおき，$2ma^2V_0/\hbar^2 = 1, 4$ の場合をプロットしている．

　最後に $E \geq 0$ すなわち非束縛状態が実現する場合を考えよう．前節のポテンシャル障壁の場合の $E > V_0$ の計算で V_0 を $-V_0$ に置き換えればよい．すなわち k' の定義が $\sqrt{2m(E + V_0)}/\hbar$ となるだけで，透過率 T の表式 (5.1) は同じである．前節同様，k' が特定の値をとるときのみ $T = 1$ となる．

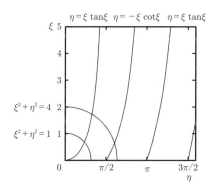

図 **5.4**　ポテンシャル井戸中の Schrödinger 方程式の固有関数を求める際に出てくる三つの関数のプロット．交点の情報から固有エネルギーなどが求められる．

[*1]　前節と本節では波動関数の境界条件の数は同じだが，いまの束縛状態の場合変数がエネルギーを含めて A, B_1, B_2, C の 5 個しかないのに対し，前節での非束縛状態は変数の数が一つ多く，6 個あることに注意する．

6 WKB 近 似

本章では，量子力学を半古典的に取り扱う方法，すなわち Wentzel-Kramers-Brillouin (WKB) 近似について述べる．議論の見通しをよくするため，1 次元系に焦点をあてることとする．この方法においては，まず定常状態の波動関数を $\psi(x) = \exp(iS(x)/\hbar)$ の形にとって Schrödinger 方程式に代入し，$S(x)$ についての式を導く．ついで $S(x)$ を $\hbar$ のべき級数で展開して $\hbar$ の 1 次で近似する．以下，この WKB 近似を束縛状態の問題や障壁の透過の問題に適用する例を紹介する．

6.1 手 法

1 次元 Schrödinger 方程式

$$\frac{d^2\psi(x)}{dx^2} + \frac{2m}{\hbar^2}\left(E - V(x)\right)\psi(x) = 0$$

において $\psi(x) = \exp(iS(x)/\hbar)$ を代入すると S についての式

$$\left(\frac{dS}{dx}\right)^2 - i\hbar\frac{d^2S}{dx^2} - 2m\left(E - V(x)\right) = 0$$

が得られる．もしここで，

$$\hbar\left|\frac{d^2S}{dx^2}\right| \ll \left|\frac{dS}{dx}\right|^2$$

が成立し，$\hbar$ を含む第 2 項を無視してよいとすると

$$\left(\frac{dS}{dx}\right)^2 - 2m\left(E - V(x)\right) = 0$$

となる．これは古典力学における Hamilton-Jacobi (ハミルトン–ヤコビ) の方程式と同じ形をしており，そこでは S は Hamilton (ハミルトン) の主関数とよばれるものである．このことから，波動関数の位相に $\hbar$ をかけたものは古典力学における Hamilton の主関数に対応するという解釈ができる．

ここで S を

$$S = S_0 + \frac{\hbar}{i}S_1 + \left(\frac{\hbar}{i}\right)^2 S_2 + \cdots \tag{6.1}$$

と展開し，$\hbar$ の各次数で式を整理すると

$$\left(\frac{dS_0}{dx}\right)^2 = 2m(E - V(x)) \equiv p(x)^2 \tag{6.2}$$

$$2\frac{dS_1}{dx} = -\frac{d^2 S_0}{dx^2}\bigg/\frac{dS_0}{dx} \tag{6.3}$$

が得られる．式 (6.2) から

$$\frac{dS_0}{dx} = \pm p(x)$$

であり，これを式 (6.3) に入れると

$$2\frac{dS_1}{dx} = -\frac{dp(x)}{dx}\bigg/p(x)$$

より

$$S_1 = -\frac{1}{2}\ln p(x) + \text{const.}$$

となる．これを $\psi(x) = \exp\left(iS(x)/\hbar\right)$ に代入して

$$\psi(x) = \frac{c_1}{\sqrt{p}}\exp\left(\frac{i}{\hbar}\int p(x)dx\right) + \frac{c_2}{\sqrt{p}}\exp\left(-\frac{i}{\hbar}\int p(x)dx\right) \tag{6.4}$$

となる．$E < V$ である場合には $\rho = \sqrt{2m(V - E)}$ を導入し

$$\psi(x) = \frac{c_1}{\sqrt{\rho}}\exp\left(-\frac{1}{\hbar}\int \rho(x)dx\right) + \frac{c_2}{\sqrt{\rho}}\exp\left(\frac{1}{\hbar}\int \rho(x)dx\right) \tag{6.5}$$

と書ける．

6.2 接 続 公 式

前節で議論したように，$dS_0/dx, dS_1/dx, \dots$ が決まるとその積分として $S_0, S_1,$ $\dots$ が決まる．その際に現れる積分定数は，波動関数全体にかかる位相因子の不定性に吸収されるため重要ではない．したがって，ここで式 (6.1) の展開が正当化されるには，$|dS_0/dx| \gg \hbar|dS_1/dx|$ が成立している必要がある．式 (6.3) から，この関係は

$$1 \gg \hbar\left|\frac{d^2 S_0}{dx^2}\bigg/\left(\frac{dS_0}{dx}\right)^2\right|$$

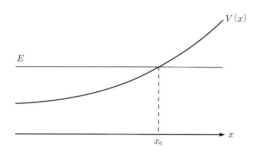

図 6.1 ポテンシャルと古典的転回点

である. $\lambda = h/p$ を導入するとこの条件は

$$1 \gg \frac{1}{2\pi} \left| \frac{d\lambda}{dx} \right|$$

と書き直せる. したがって $V(x) = E$ が満たされる古典的転回点 (図 6.1 で $x = x_0$ とした) 近傍では λ が発散し, WKB 近似は正当化されなくなる. このため, 古典的転回点をはさんで両側の解をうまく接続するには, 転回点近傍の解を WKB 近似を用いずに求めておく必要がある. すなわち, 転回点近傍のポテンシャル $V(x)$ を 1 次関数で近似し,

$$\frac{d^2\psi}{dx^2} - \frac{2m}{\hbar^2} \left(\frac{dV}{dx} \right)_{x=x_0} (x - x_0)\psi(x) = 0 \tag{6.6}$$

を厳密に解く. 得られた解の $x \to \pm\infty$ の漸近形をみながら転回点の両側の波動関数と接続すると, 転回点を含む全領域の波動関数が求められる.

方程式 (6.6) の問題は適当な変数変換によって

$$\left[\frac{d^2}{dx^2} - x \right] f(x) = 0$$

という方程式を解くことに帰着する. この微分方程式の解は Airy (エアリー) 関数とよばれ, 次のような複素積分で表現される.

$$f(x) = \frac{1}{2\sqrt{\pi}\mathrm{i}} \int_C dt \exp\left(-xt + \frac{t^3}{3} \right)$$

ここで積分路 C は図 6.2 で与えられる. 詳細は物理数学の教科書に譲るが, この関数の $x \to \infty$ での漸近的な振る舞いは以下のようになる.

$$f(x) \sim \frac{1}{2x^{\frac{1}{4}}} \exp\left(-\frac{2}{3}x^{\frac{3}{2}} \right) \tag{6.7}$$

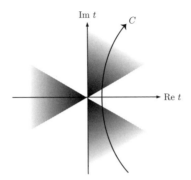

図 **6.2**　Airy 関数の積分路. 薄墨色の領域の中心角は 60 度であり，積分路は薄墨色の領域の無限遠から無限遠方にとる.

一方で $x \to -\infty$ での振る舞いは

$$f(x) \sim \frac{1}{|x|^{\frac{1}{4}}} \cos\left(\frac{2}{3}|x|^{\frac{3}{2}} - \frac{\pi}{4}\right) \tag{6.8}$$

となることが知られている.

　図 6.1 の状況では，古典的転回点 x_0 において $dV(x)/dx > 0$ である. このとき，

$$\rho(x) = \sqrt{2m \left.\frac{dV}{dx}\right|_{x=x_0} (x - x_0)} \qquad (x > x_0)$$

$$p(x) = \sqrt{2m \left.\frac{dV}{dx}\right|_{x=x_0} (x_0 - x)} \qquad (x < x_0)$$

である. 波動関数の式 (6.5) に従えば，$x > x_0$ では $E < V$ で $x \to \infty$ で減衰するので

$$\begin{aligned}
\psi(x) &= \frac{c}{\sqrt{\rho(x)}} \exp\left[\frac{-1}{\hbar} \int_{x_0}^{x} \rho(x')dx'\right] \\
&= \frac{c}{(2mV'(x - x_0))^{\frac{1}{4}}} \exp\left[-\frac{2}{3}\left(\frac{2mV'}{\hbar^2}\right)^{\frac{1}{2}} (x - x_0)^{\frac{3}{2}}\right]
\end{aligned}$$

これを Airy 関数の漸近形 (6.7) および (6.8) と比較すると，$x < x_0$ での形は

$$\psi(x) = \frac{2c}{\sqrt{p(x)}} \cos\left[\frac{1}{\hbar} \int_{x}^{x_0} p(x')dx' - \frac{\pi}{4}\right]$$

$$= \frac{2c}{(2mV'(x_0 - x))^{\frac{1}{4}}} \cos\left[\frac{2}{3}\left(\frac{2mV'}{\hbar^2}\right)^{\frac{1}{2}}(x_0 - x)^{\frac{3}{2}} - \frac{\pi}{4}\right]$$

となることがいえる．

　古典的転回点 x_0 において，$dV(x)/dx = V'(x) < 0$ のときも同様の接続の式が導出できる．$x < x_0$ での

$$\psi(x) = \frac{c}{\sqrt{\rho}}\exp\left(-\frac{1}{\hbar}\int_x^{x_0}\rho(x')dx'\right)$$

は $x > x_0$ で

$$\psi(x) = \frac{2c}{\sqrt{p}}\cos\left(\frac{1}{\hbar}\int_{x_0}^x p(x')dx' - \frac{\pi}{4}\right)$$

に接続される．

6.3　束縛状態への応用

　ここで $x = x_1, x_2$ に古典的転回点があり，$x_1 < x < x_2$ で $E > V$ が成立する束縛状態の場合を考えよう (図 6.3 参照)．$x < x_1$ を領域 1，$x_1 < x < x_2$ を領域 2，$x_2 < x$ を領域 3 とする．前節の一般論を領域 1 から領域 2 への接続に用いると，領域 2 の波動関数は

$$\psi(x) = \frac{2c_1}{\sqrt{p}}\cos\left(-\frac{1}{\hbar}\int_{x_1}^x p(x')dx' - \frac{\pi}{4}\right)$$

となる．一方，領域 3 から領域 2 への接続の議論を用いると領域 2 の波動関数は

$$\psi(x) = \frac{2c_2}{\sqrt{p}}\cos\left(-\frac{1}{\hbar}\int_x^{x_2} p(x')dx' - \frac{\pi}{4}\right)$$

となる．両者は一致する必要があるが，後者を

$$\psi(x) = \frac{2c_2}{\sqrt{p}}\cos\left(-\frac{1}{\hbar}\int_{x_2}^x p(x')dx' - \frac{\pi}{4} - \eta\right)$$

$$\eta = \frac{1}{\hbar}\int_{x_1}^{x_2} p(x)dx - \frac{\pi}{2}$$

と書き直すと $c_2 = \pm c_1$ および $\eta = n\pi$ が得られる．後者は

$$\oint p(x)dx = 2\int_{x_1}^{x_2} p(x)dx = \left(n + \frac{1}{2}\right)h$$

であり，これは $h/2$ の差を除いて Bohr-Sommerfeld (ボーアーゾンマーフェルト) の量子化条件と同じものである．

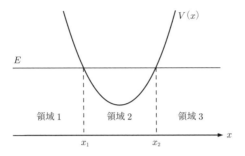

図 6.3　束縛ポテンシャルと古典的転回点

6.4　障 壁 の 透 過

　次に，$x = x_1, x_2$ に古典的転回点があり，$x_1 < x < x_2$ で $E < V$ が成立する場合を考えよう (図 6.4)．ここで $x < x_1$ から粒子が入射すると，一部が反射または透過する．

　前節までの議論では，領域 2 で

$$\psi(x) = \frac{1}{2\sqrt{\rho}} \exp\left[\frac{1}{\hbar}\int_{x_2}^{x} \rho(x')dx'\right]$$

領域 3 で

$$\psi(x) = \frac{1}{\sqrt{p}} \exp\left[\frac{1}{\hbar}\int_{x_2}^{x} p(x')dx' - \frac{\pi}{4}\right]$$

と振る舞う波動関数を議論した．しかしながら，いまの問題設定では領域 3 では x の正の方向に伝搬し，領域 2 では x が大きくなるにつれて減衰する解を求めなければならない．すなわち，c と c' をある定数として $x > x_2$ で

$$\psi(x) = \frac{c}{\sqrt{p}} \exp\left(\frac{\mathrm{i}}{\hbar}\int_{x_2}^{x} p(x')dx' - \frac{\mathrm{i}\pi}{4}\right)$$

$x \le x_2$ で

$$\frac{c'}{\sqrt{\rho}} \exp\left(-\frac{1}{\hbar}\int_{x_2}^{x} \rho(x')dx'\right)$$

となる解を探す．前者を ψ_1，後者を ψ_2 とすると，両者とも Schrödinger 方程式を満たすので

$$\psi_1'' \psi_2 - \psi_1 \psi_2'' = \frac{2m}{\hbar^2}(V - E)(\psi_1 \psi_2 - \psi_1 \psi_2) = 0$$

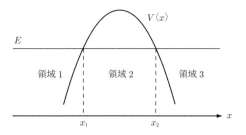

図 **6.4**　障壁ポテンシャルと古典的転回点

が成立する.

$$(\psi_1\psi_2' - \psi_1'\psi_2)' = \psi_1''\psi_2 - \psi_1\psi_2''$$

であることに注意すると $\psi_1\psi_2' - \psi_1'\psi_2$ が x によらない定数であることがわかる. このことに注意して,領域2と領域3で $\psi_1\psi_2' - \psi_1'\psi_2$ を計算し,両領域で値が等しいとおくと, $c' = -\mathrm{i}c$ であることがわかる.

以後 ψ_2 を ψ と書くことにして領域2の ψ をもう少し変形すると

$$\psi(x) = \frac{-\mathrm{i}c}{\sqrt{\rho}} \exp\left(-\frac{1}{\hbar}\int_{x_2}^{x}\rho(x')dx'\right)$$
$$= \frac{-\mathrm{i}c}{\sqrt{\rho}} \exp\left(\frac{1}{\hbar}\int_{x_1}^{x_2}\rho(x')dx' - \frac{1}{\hbar}\int_{x_1}^{x}\rho(x')dx'\right)$$

となる. $x = x_1$ における接続の問題は前節の $x = x_2$ における接続の問題と同じで,領域2の波動関数と接続する領域1の波動関数は

$$\psi(x) = \frac{-2\mathrm{i}ct}{\sqrt{p}} \cos\left(\frac{1}{\hbar}\int_{x}^{x_1}p(x')dx' - \frac{\pi}{4}\right)$$
$$= \frac{-\mathrm{i}ct}{\sqrt{p}} \left[\exp\left(\frac{\mathrm{i}}{\hbar}\int_{x}^{x_1}p(x')dx' - \frac{\mathrm{i}\pi}{4}\right) + \exp\left(\frac{-\mathrm{i}}{\hbar}\int_{x}^{x_1}p(x')dx' + \frac{\mathrm{i}\pi}{4}\right)\right]$$

ただし

$$t = \exp\left(\frac{1}{\hbar}\int_{x_1}^{x_2}\rho(x')dx'\right)$$

である. この波動関数には x の正の方向に伝搬する成分と負の方向に伝搬する成分がある. 透過率 T は

$$T = |t|^{-2} = \exp\left(\frac{-2}{\hbar}\int_{x_1}^{x_2}\rho(x')dx'\right)$$

と求められる.

7 変 分 法

　量子力学において，Schrödinger 方程式が厳密に解けることはまれである．本章
では，Schrödinger 方程式を直接解かずに近似解を求める方法の一つである変分法
について説明する．量子力学における変分計算においては，規格化された波動関
数の汎関数 $\lambda = \langle\psi|\hat{H}|\psi\rangle$ が波動関数の変化に対して停留値をとるようにすること
を考える．変分法は適用範囲の広い方法でさまざまな分野に活用されており，以
下，その具体例をいくつか紹介する．

7.1　量子力学における変分計算

　規格化条件 $\langle\psi|\psi\rangle = 1$ を満たしている任意の波動関数を考える．この条件を満
たす波動関数の変分 $\delta\psi$ に対し，$\lambda = \langle\psi|\hat{H}|\psi\rangle$ が停留値をとるとき，その関数 ψ
は

$$\hat{H}|\psi\rangle = \lambda|\psi\rangle$$

を満たす．これを**変分原理**とよぶ．これは Lagrange (ラグランジュ) の未定乗数
によって以下のように証明される．
　積分

$$I = \langle\psi|\hat{H}|\psi\rangle - \lambda(\langle\psi|\psi\rangle - 1)$$

を考える．I が極値をとるとき，$\delta\psi$，$\delta\psi^*$，$\delta\lambda$ について

$$\delta I = 0 = \langle\delta\psi|(\hat{H} - \lambda)|\psi\rangle + \langle\psi|(\hat{H} - \lambda)|\delta\psi\rangle - \delta\lambda(\langle\psi|\psi\rangle - 1)$$

が成立しなければならない．ここでハミルトニアンが Hermite 演算子なので

$$\langle\psi|(\hat{H} - \lambda)|\delta\psi\rangle = \langle(\hat{H} - \lambda)\psi|\delta\psi\rangle$$

であること，変分 $\delta\psi$，$\delta\psi^*$，$\delta\lambda$ は独立であることに注意すると $(\hat{H} - \lambda)|\psi\rangle = 0$
および $\langle\psi|\psi\rangle = 1$ が得られる．
　変分の考えに従えば，Schrödinger 方程式の解を求めるには，I が極値をとる $|\psi\rangle$
を探せばよいということになる．具体的にはいくつかのパラメータを含む試行関
数を用意し，I が極値になるようにパラメータの値を決めるという方法をとる．

　この方法で基底状態のエネルギーを求めることを考えると, 試行関数 $|\psi_t\rangle$ によるハミルトニアンの期待値 $\langle\psi_t|\hat{H}|\psi_t\rangle$ は, 必ず真の基底状態のエネルギーに比べて大きな値をとる. それはハミルトニアンの真の固有状態 $|\phi_n\rangle$ で $|\psi_t\rangle$ を展開することで示せる.

$$|\psi_t\rangle = \sum_n c_n|\phi_n\rangle$$

を $\langle\psi_t|\hat{H}|\psi_t\rangle$ に入れると

$$E = \sum_n E_n|c_n|^2$$

となる. ここで E_n はハミルトニアンの $|\phi_n\rangle$ に対する固有エネルギーで

$$E_0 \leq E_1 \leq E_2 \cdots$$

を満たす. 基底状態では c_0 のみが 1 で後は 0 であることを考慮すると, $E \geq E_0$ である.

　ここで, 4 章で取り扱った調和振動子ポテンシャル中の一体問題の基底状態を変分法で調べてみよう. 変分試行関数として

$$\psi(x,\alpha) = C \exp(-\alpha x^2)$$

を考える. α は変分パラメータで, 正の実数とする. 波動関数の規格化条件

$$\int_{-\infty}^{\infty} |\psi(x)|^2 dx = 1$$

から

$$C = \left(\frac{2\alpha}{\pi}\right)^{\frac{1}{4}}$$

と求められる. この変分試行波動関数に対するエネルギーの期待値 $I(\alpha)$ は

$$\begin{aligned}
I(\alpha) &= \langle\psi|\left[-\frac{\hbar^2}{2m}\frac{d^2}{dx^2} + \frac{k}{2}x^2\right]|\psi\rangle \\
&= \left(\frac{2\alpha}{\pi}\right)^{\frac{1}{2}} \int_{-\infty}^{\infty} \exp(-\alpha x^2)\left[\frac{-\hbar^2}{2m}\frac{d^2}{dx^2} + \frac{k}{2}x^2\right]\exp(-\alpha x^2)dx \\
&= \frac{\hbar^2\alpha}{2m} + \frac{k}{8\alpha}
\end{aligned}$$

これを微分して極小値を求める.

$$\frac{dI}{d\alpha} = \frac{\hbar^2}{2m} - \frac{k}{8\alpha^2} = 0$$

より

$$\alpha = \frac{\sqrt{mk}}{2\hbar} = \frac{m\omega}{2\hbar}$$

である. これを $I(\alpha)$ に代入して基底状態のエネルギーの近似値を計算すると $\hbar\omega/2$ が得られ，4 章で示した厳密な値と一致することがわかる. 波動関数についても

$$\psi(x) = \left(\frac{m\omega}{\pi\hbar}\right)^{\frac{1}{4}} \exp\left(-\frac{m\omega x^2}{2\hbar}\right)$$

となり，4 章で求めた厳密な結果と一致することがわかる.

7.2 Rayleigh-Ritz 試行関数

試行関数として，ある N 個の規格直交関数 $\{|\phi_i\rangle\}$ の線形結合を考える.

$$|\psi_\mathrm{t}\rangle = \sum_{i=1}^{N} c_i|\phi_i\rangle \tag{7.1}$$

この場合，変分パラメータは $\{c_i\}$ である. これを **Rayleigh-Ritz** (レイリー–リッツ) **試行関数**とよぶ. これを

$$I = \langle\psi_\mathrm{t}|\hat{H}|\psi_\mathrm{t}\rangle - \lambda\left(\langle\psi_\mathrm{t}|\psi_\mathrm{t}\rangle - 1\right)$$

に代入すると

$$I = \sum_{i,j}^{N} c_i^* c_j \langle\phi_i|\hat{H}|\phi_j\rangle - \lambda(\sum_i^N |c_i|^2 - 1)$$

となる. ここで c_i^* について変分をとると

$$\sum_j^N \langle\phi_i|\hat{H}|\phi_j\rangle c_j = \lambda c_i$$

が得られる. これは行列 $\langle\phi_i|\hat{H}|\phi_j\rangle$ の固有値問題を解くことと同等である.

量子化学の計算などで物理的意味を考えた基底の選択をした場合，必ずしも $\{\phi_i\}$ が直交系にならない場合がある. その場合は以下のように定式化できる.

$$\langle\psi_\mathrm{t}|\psi_\mathrm{t}\rangle = \sum_{i,j}^{N} S_{ij} c_i^* c_j$$

となるので (ただし $S_{ij} = \langle \phi_i | \phi_j \rangle$), 解くべき式は

$$\sum_j^N [\langle \phi_i | \hat{H} | \phi_j \rangle - \lambda S_{ij}] c_j = 0$$

となる. これを**永年方程式**とよぶ.

　基底状態のエネルギーを計算する場合は, 基底 $\{|\phi_i\rangle\}$ の数を系統的に増やしながらエネルギーの期待値を下げていく戦略も考えられる. 基底をどのように増やしていくかは, 解くべきハミルトニアンに依存する非自明な問題であるが, 系統的な精度向上を実現することも可能である.

8 摂 動 論

前章に引き続き，Schrödinger 方程式が厳密に解けないときに近似解を求める方法を考える．ハミルトニアン $\hat{H}$ が，固有値，固有関数が正確に求まっている項 $\hat{H}_0$ とそれ以外の項 $\hat{V}$ に分けられるとする．このとき，パラメータ $0 < \lambda < 1$ を導入し，$\hat{H}_0 + \lambda \hat{V}$ の固有値および固有関数を λ のべきで展開するアプローチが考えられる．本章ではこの摂動論とよばれる方法について，その基本的な考え方を概観する．

8.1 手 法

話を簡単にするため，まず，エネルギー固有値が正確にわかっている $\hat{H}_0$ (無摂動ハミルトニアンという) について，複数の状態が同じエネルギー固有値をもたない場合，すなわち縮退がない場合を考えよう．このエネルギー固有値を $\epsilon_n^{(0)}$，それに対する固有関数を $|n^{(0)}\rangle$ とする．すなわち

$$\hat{H}_0|n^{(0)}\rangle = \epsilon_n^{(0)}|n^{(0)}\rangle \tag{8.1}$$

で，異なる n では $\epsilon_n^{(0)}$ は異なる値をとるものとする．摂動ハミルトニアンが加わったときの固有値 ϵ_n および固有関数 $|n\rangle$ を λ で次のように展開する．

$$\epsilon_n = \epsilon_n^{(0)} + \lambda \epsilon_n^{(1)} + \lambda^2 \epsilon_n^{(2)} + \cdots \tag{8.2}$$

$$|n\rangle = |n^{(0)}\rangle + \lambda|n^{(1)}\rangle + \lambda^2|n^{(2)}\rangle + \cdots \tag{8.3}$$

これを Schrödinger 方程式 $\hat{H}|n\rangle = \epsilon_n|n\rangle$ に代入すると

$$\begin{aligned}
&\left(\hat{H}_0 + \lambda\hat{V}\right)\left(|n^{(0)}\rangle + \lambda|n^{(1)}\rangle + \lambda^2|n^{(2)}\rangle + \cdots\right) \\
&= \hat{H}_0|n^{(0)}\rangle + \lambda\hat{V}|n^{(0)}\rangle + \lambda\hat{H}_0|n^{(1)}\rangle + \lambda^2\hat{V}|n^{(1)}\rangle + \cdots \\
&= \left(\epsilon_n^{(0)} + \lambda\epsilon_n^{(1)} + \lambda^2\epsilon_n^{(2)} + \cdots\right)\left(|n^{(0)}\rangle + \lambda|n^{(1)}\rangle + \lambda^2|n^{(2)}\rangle + \cdots\right)
\end{aligned} \tag{8.4}$$

となる．

λ の低次の項から順番にみていくと，まず，ゼロ次では

$$\hat{H}_0|n^{(0)}\rangle = \epsilon_n^{(0)}|n^{(0)}\rangle$$

という無摂動ハミルトニアンとして設定した関係 (8.1) が導かれる.

次に，1 次では

$$\hat{V}|n^{(0)}\rangle + \hat{H}_0|n^{(1)}\rangle = \epsilon_n^{(1)}|n^{(0)}\rangle + \epsilon_n^{(0)}|n^{(1)}\rangle$$

が成立している. これを

$$\left(\hat{V} - \epsilon_n^{(1)}\right)|n^{(0)}\rangle = \left(\epsilon_n^{(0)} - \hat{H}_0\right)|n^{(1)}\rangle$$

と書き換え，左から $\langle n^{(0)}|$ ではさむと

$$\epsilon_n^{(1)} = \langle n^{(0)}|\hat{V}|n^{(0)}\rangle \tag{8.5}$$

が得られる. これがエネルギー固有値の 1 次の補正である. $\langle n^{(0)}|$ 以外の状態 $\langle m^{(0)}|$ で左からはさむと

$$\left(\epsilon_n^{(0)} - \epsilon_m^{(0)}\right)\langle m^{(0)}|n^{(1)}\rangle = \langle m^{(0)}|\hat{V}|n^{(0)}\rangle$$

が得られる. したがって c を定数として

$$
\begin{aligned}
|n^{(1)}\rangle &= c|n^{(0)}\rangle + \sum_{m \neq n} |m^{(0)}\rangle\langle m^{(0)}|n^{(1)}\rangle \\
&= c|n^{(0)}\rangle + \sum_{m \neq n} |m^{(0)}\rangle \frac{\langle m^{(0)}|\hat{V}|n^{(0)}\rangle}{\epsilon_n^{(0)} - \epsilon_m^{(0)}}
\end{aligned}
\tag{8.6}
$$

が導かれる. これが固有関数に対する 1 次の補正となる. なお，定数 c は波動関数の規格化条件から定めればよい.

さらに 2 次の項を調べると

$$\hat{V}|n^{(1)}\rangle + \hat{H}_0|n^{(2)}\rangle = \epsilon_n^{(2)}|n^{(0)}\rangle + \epsilon_n^{(1)}|n^{(1)}\rangle + \epsilon_n^{(0)}|n^{(2)}\rangle$$

という関係が得られる. 左から $\langle n^{(0)}|$ を作用させると，左辺の $\langle n^{(0)}|\hat{H}_0|n^{(2)}\rangle$ と右辺の $\langle n^{(0)}|\varepsilon_n^{(0)}|n^{(2)}\rangle$ がキャンセルして

$$\epsilon^{(2)} = \langle n^{(0)}|\hat{V} - \epsilon^{(1)}|n^{(1)}\rangle$$

となる．ここで $|n^{(1)}\rangle$ の式 (8.6) を代入すると

$$\epsilon^{(2)} = \sum_{m \neq n} \frac{|\langle m^{(0)}|\hat{V}|n^{(0)}\rangle|^2}{\epsilon_n^{(0)} - \epsilon_m^{(0)}} \tag{8.7}$$

というエネルギー固有値の 2 次の補正が得られる．

　以上が一般論であるが，ここで具体例をみてみよう．無摂動ハミルトニアンとして 4 章で固有値，固有関数を求めた調和振動子ポテンシャル中の一体問題

$$\hat{H}_0 = \frac{-\hbar^2}{2m}\frac{d^2}{dx^2} + \frac{m\omega^2 x^2}{2}$$

を考え，これに摂動ハミルトニアンとして電場を表す項

$$\hat{V} = -e\mathcal{E}x$$

を導入する．4 章でみたように，$\hat{H}_0$ の固有状態は数演算子の固有状態 $\{|\psi_n\rangle\}$ で，その固有値は $E_n = (n+1/2)\hbar\omega$ である．また，

$$x = \sqrt{\frac{\hbar}{2m\omega}}(\hat{a}^\dagger + \hat{a})$$

と書けることに注意すると

$$\langle\psi_n|x|\psi_{n-1}\rangle = \langle\psi_{n-1}|x|\psi_n\rangle = \sqrt{\frac{\hbar}{2m\omega}}\sqrt{n}$$

$$\langle\psi_n|x|\psi_m\rangle = 0 \quad (m \neq n \pm 1)$$

であることが示せる．このことから 1 次の摂動エネルギーはゼロで，エネルギーの補正は 2 次から始まることがわかる．固有エネルギー E_n に対する $\hat{V}$ の 2 次の補正は

$$\sum_{m \neq n}(-e\mathcal{E})^2\frac{|\langle\psi_n|x|\psi_m\rangle|^2}{E_n - E_m} = \frac{\hbar}{2m\omega}e^2\mathcal{E}^2\frac{n - (n+1)}{\hbar\omega}$$

$$= -\frac{e^2\mathcal{E}^2}{2m\omega^2}$$

となる．ところで，ハミルトニアン $\hat{H} = \hat{H}_0 + \hat{V}$ は

$$\hat{H} = \frac{-\hbar^2}{2m}\frac{d^2}{dx^2} + \frac{m\omega^2}{2}\left(x - \frac{e\mathcal{E}}{m\omega^2}\right)^2 - \frac{e^2\mathcal{E}^2}{2m\omega^2}$$

と書き直すことができる．これは座標の原点がずれ，エネルギーが一様に $e^2\mathcal{E}^2/2m\omega^2$ だけ下がることを意味するが，上の 2 次の補正による近似値と一致している．

8.2 縮 退 摂 動 論

前節の議論では，$\hat{H}_0$ のエネルギー固有値には縮退がなく，$n \neq m$ であれば $\epsilon_n^{(0)} \neq \epsilon_m^{(0)}$ であると仮定されていた．本節では議論をより一般化するために，エネルギー固有値に縮退がある場合を考える．無摂動ハミルトニアン $\hat{H}_0$ にはエネルギー固有値 $\epsilon_n^{(0)}$ をとる状態が複数あるとし，それらを α でラベルし，$|n^{(0)}\alpha\rangle$ と表現することにする．すなわち

$$\hat{H}_0|n^{(0)}\alpha\rangle = \epsilon_n^{(0)}|n^{(0)}\alpha\rangle \tag{8.8}$$

である．ここに摂動 $\hat{V}$ を導入すると，一般に縮退していたエネルギー固有値が異なる値をとるようになる (縮退が解ける)．これを $\epsilon_{n,\alpha}$ と表すこととする．それに対応する固有関数を $|n\alpha\rangle$ とし，

$$\epsilon_{n,\alpha} = \epsilon_n^{(0)} + \lambda\epsilon_{n,\alpha}^{(1)} + \lambda^2\epsilon_{n,\alpha}^{(2)} + \cdots$$
$$|n\alpha\rangle = \sum_\beta a_{n,\alpha}^\beta|n^{(0)}\beta\rangle + \lambda|n^{(1)}\alpha\rangle + \lambda^2|n^{(2)}\alpha\rangle + \cdots$$

と展開して Schrödinger 方程式に代入すると

$$\left(\hat{H}_0 + \lambda\hat{V}\right)\left(\sum_\beta a_{n,\alpha}^\beta|n^{(0)}\beta\rangle + \lambda|n^{(1)}\alpha\rangle + \lambda^2|n^{(2)}\alpha\rangle + \cdots\right) =$$

$$\left(\epsilon_n^{(0)} + \lambda\epsilon_{n,\alpha}^{(1)} + \lambda^2\epsilon_{n,\alpha}^{(2)} + \cdots\right)\left(\sum_\beta a_{n,\alpha}^\beta|n^{(0)}\beta\rangle + \lambda|n^{(1)}\alpha\rangle + \lambda^2|n^{(2)}\alpha\rangle + \cdots\right)$$

となる．まず，ゼロ次では

$$\hat{H}_0\sum_\beta a_{n\alpha}^\beta|n^{(0)}\beta\rangle = \epsilon_n^{(0)}\sum_\beta a_{n\alpha}^\beta|n^{(0)}\beta\rangle$$

という，無摂動ハミルトニアンとして設定された関係 (8.8) から導かれる式が得られる．

次に 1 次では

$$\left(\hat{V} - \epsilon_{n\alpha}^{(1)}\right)\sum_\beta a_{n\alpha}^\beta|n^{(0)}\beta\rangle = (\epsilon_n^{(0)} - \hat{H}_0)|n^{(1)}\alpha\rangle \tag{8.9}$$

が得られる．これを，左から $\langle n^{(0)}\beta'|$ ではさむと右辺がゼロになることから

$$\sum_\beta \langle n^{(0)}\beta'|\hat{V}|n^{(0)}\beta\rangle a_{n\alpha}^\beta = \epsilon_{n\alpha}^{(1)}a_{n\alpha}^{\beta'} \tag{8.10}$$

という関係が導かれる. この式 (8.10) は, 行列 $\langle n^{(0)}\beta'|\hat{V}|n^{(0)}\beta\rangle$ を対角化して固有値を求めるとそれが固有エネルギーの一次補正であることを示している. 以下, $a_{n\alpha}^{\beta}$ を用いて決まる $\sum_{\beta} a_{n\alpha}^{\beta}|n^{(0)}\beta\rangle$ が頻出するので, これを $|\xi_n^{(0)}\alpha\rangle$ とよぶことにする. 固有エネルギーの縮退がこの一次補正で解けるかどうかは場合によるが, 解けない場合は後で議論することにして, 当面縮退が解けたものとする.

式 (8.9) に左から $\epsilon_n^{(0)}$ 以外の固有値 $\epsilon_m^{(0)}$ をもつ状態 $\langle m^{(0)}\beta|$ を作用させると

$$\langle m^{(0)}\beta|\hat{V}|\xi_n^{(0)}\alpha\rangle = (\epsilon_n^{(0)} - \epsilon_m^{(0)})\langle m^{(0)}\beta|n^{(1)}\alpha\rangle$$

という式が得られる. これを用いると, 波動関数の一次の補正 $|n^{(1)}\alpha\rangle$ は,

$$|n^{(1)}\alpha\rangle = \sum_{\beta} c_{n\alpha}^{(1)\beta}|\xi_{n\beta}^{(0)}\rangle + \sum_{m\neq n,\beta} \frac{|m^{(0)}\beta\rangle\langle m^{(0)}\beta|\hat{V}|\xi_n^{(0)}\alpha\rangle}{\epsilon_n^{(0)} - \epsilon_m^{(0)}} \tag{8.11}$$

と表される. ここで, 第 1 項の $c_{n\alpha}^{(1)\beta}$ は未定の定数である. 縮退のない場合と異なり, 波動関数の規格化という条件だけからは $c_{n\alpha}^{(1)\beta}$ をすべて定めることはできない. この定数は以下に述べるように 2 次以降の摂動を考えることによって定められる.

摂動の 2 次の項からは

$$\left(\epsilon^{(0)} - \hat{H}_0\right)|n^{(2)}\alpha\rangle = \left(\hat{V} - \epsilon_{n\alpha}^{(1)}\right)|n^{(1)}\alpha\rangle - \epsilon_{n\alpha}^{(2)}|\xi_n^{(0)}\alpha\rangle$$

という関係が導ける. 左から $\langle \xi_n^{(0)}\beta|$ ではさむと左辺がゼロになるので

$$\langle \xi_n^{(0)}\beta|\hat{V} - \epsilon_{n\alpha}^{(1)}|n^{(1)}\alpha\rangle = \epsilon_{n\alpha}^{(2)}\delta_{\alpha,\beta} \tag{8.12}$$

となる. 波動関数の一次の補正 $|n^{(1)}\alpha\rangle$ の式 (8.11) を代入し, $\beta = \alpha$ の場合を考えると

$$\epsilon_{n\alpha}^{(2)} = \sum_{m\neq n,\gamma} \frac{|\langle m^{(0)}\gamma|\hat{V}|\xi_n^{(0)}\alpha\rangle|^2}{\epsilon_n^{(0)} - \epsilon_m^{(0)}} \tag{8.13}$$

という式が得られる. これが固有エネルギーの二次補正を表す. 一方で $\beta \neq \alpha$ の場合を考えると

$$c_{n\alpha}^{(1)\beta} = \frac{1}{\epsilon_{n\alpha}^{(1)} - \epsilon_{n\beta}^{(1)}} \sum_{m\neq n,\gamma} \frac{\langle \xi_n^{(0)}\beta|\hat{V}|m^{(0)}\gamma\rangle\langle m^{(0)}\gamma|\hat{V}|\xi_n^{(0)}\alpha\rangle}{\epsilon_n^{(0)} - \epsilon_m^{(0)}} \tag{8.14}$$

が得られ, $\beta = \alpha$ 以外の $c_{n\alpha}^{(1)\beta}$ が定まることになる. 波動関数の一次の補正の中でまだ決まっていない $c_{n\alpha}^{(1)\alpha}$ については, 波動関数の規格化条件によって定めればよい. 以上の議論によって, エネルギー固有値の一次と二次の補正および波動関数の一次の補正が定まった.

さて, 最後に式 (8.10) において, 行列 $\langle n^{(0)}\beta'|\hat{V}|n^{(0)}\beta\rangle$ を対角化すると固有値が縮退し, エネルギーの縮退が一次補正では解けない場合を考えよう. 簡単のため, 縮退がまったく解けない, すなわち, 行列 $\langle n^{(0)}\beta'|\hat{V}|n^{(0)}\beta\rangle$ の固有値がすべて同じであるとする. このとき, $|\xi_n^{(0)}\alpha\rangle$ は $\{|n^{(0)}\beta\rangle\}$ からどのようにつくっても結果は同じであるということになる.

一方, 式 (8.12) は

$$\epsilon_{n\alpha}^{(2)}\delta_{\alpha,\beta} = \sum_{m\neq n,\gamma} \frac{\langle \xi_n^{(0)}\beta|\hat{V}|m^{(0)}\gamma\rangle \langle m^{(0)}\gamma|\hat{V}|\xi_n^{(0)}\alpha\rangle}{\epsilon_n^{(0)} - \epsilon_m^{(0)}}$$

となる. これは

$$\langle \xi_n^{(0)}\beta| \left[\sum_{m\neq n,\gamma} \frac{\hat{V}|m^{(0)}\gamma\rangle \langle m^{(0)}\gamma|\hat{V}}{\epsilon_n^{(0)} - \epsilon_m^{(0)}} \right] |\xi_n^{(0)}\alpha\rangle$$

という行列を対角化する問題であり, これによって $\{|\xi_n^{(0)}\alpha\rangle\}$ をつくれば一次の補正で解けなかった縮退が, 二次の補正で解ける.

8.3 変分法と摂動論

前章で扱った変分法と摂動論の考え方の基本的な違いを述べる. 摂動論によるアプローチでは, 低い次数から始めてより高い次数の寄与を考えることで系統的に精度の向上を目指す. しかしながら無限次までの補正を考えることは一般に困難である. 低次の摂動計算までで精度の高い答えが得られるか否かは $\hat{H}_0$ および $\hat{V}$ の性質に依存する. 一方, 変分法は変分関数が問題の本質を捉えていれば, 現実的な計算規模で精度の高い計算を行える可能性がある. 実際, 前章で調和振動子の場合に, 試行関数が的を射たものであったため, 厳密な値を再現していることをみた. ただし, これは特殊な例であり, 近似の精度を系統的に向上させていくためにどのように変分試行関数を構築していくかの指導原理を得ることは簡単な問題ではない.

8.4　時間依存摂動論

　ここまでの議論は，摂動項 $\hat{V}$ が時間によらないとしていたが，$\hat{V}$ が時間による場合を考察する．すなわち，Schrödinger 方程式が

$$i\hbar\frac{d}{dt}|\psi(t)\rangle = \left(\hat{H}_0 + \lambda\hat{V}(t)\right)|\psi(t)\rangle$$

と表される場合を考える．無摂動項 $\hat{H}_0$ については縮退がなく

$$\hat{H}_0|n\rangle = \epsilon_n^{(0)}|n\rangle$$

と解けているものとする．以下，簡単のため，エネルギー固有値が離散的である場合を考え，波動関数を

$$|\psi(t)\rangle = \sum_l c_l(t)|l\rangle \exp(-i\epsilon_l^{(0)}t/\hbar)$$

と展開する．これを Schrödinger 方程式に代入すると

$$\sum_l i\hbar\frac{dc_l(t)}{dt}|l\rangle\exp(-i\epsilon_l^{(0)}t/\hbar) + \sum_l \epsilon_l^{(0)}c_l(t)|l\rangle\exp(-i\epsilon_l^{(0)}t/\hbar)$$
$$= \sum_l \epsilon_l^{(0)}c_l(t)|l\rangle\exp(-i\epsilon_l^{(0)}t/\hbar) + \lambda\hat{V}(t)\sum_l c_l(t)|l\rangle\exp(-i\epsilon_l^{(0)}t/\hbar)$$

となる．左から $\langle m|$ ではさむと

$$i\hbar\frac{dc_m(t)}{dt} = \sum_l \langle m|\hat{V}(t)|l\rangle \exp\left(i\left(\epsilon_m^{(0)} - \epsilon_l^{(0)}\right)t/\hbar\right)c_l(t)$$

が得られる．ここで，

$$c_l(t) = c_l^{(0)}(t) + \lambda c_l^{(1)}(t) + \lambda^2 c_l^{(2)}(t) + \cdots$$

と展開し，代入すると

$$i\hbar\frac{dc_m^{(0)}(t)}{dt} = 0$$
$$i\hbar\frac{dc_m^{(1)}(t)}{dt} = \sum_l \langle m|\hat{V}(t)|l\rangle \exp\left(i\left(\epsilon_m^{(0)} - \epsilon_l^{(0)}\right)t/\hbar\right)c_l^{(0)}(t)$$
$$i\hbar\frac{dc_m^{(2)}(t)}{dt} = \sum_l \langle m|\hat{V}(t)|l\rangle \exp\left(i\left(\epsilon_m^{(0)} - \epsilon_l^{(0)}\right)t/\hbar\right)c_l^{(1)}(t)$$

といった一連の関係式が得られる．

8.5 黄金則と遷移確率

前節で得られた関係式のうち λ の 1 次までの範囲で問題を解くことを考える.
ゼロ次の式は $c_m^{(0)}$ が時間によらないことを示し,これは無摂動ハミルトニアンが
時間によらないことと整合する.ここで,初期条件として,$t = 0$ で $\hat{H}_0$ の固有状
態 $|n\rangle$ にあったとする.すなわち $c_n^{(0)} = 1$, $c_m^{(0)} = 0 (m \neq n)$ とする.これを λ の
1 次の式に代入すると

$$i\hbar \frac{dc_m^{(1)}(t)}{dt} = \langle m|\hat{V}(t)|n\rangle \exp\left(i\left(\epsilon_m^{(0)} - \epsilon_n^{(0)}\right) t/\hbar\right) \tag{8.15}$$

となる.ここで,時間依存する $\hat{V}(t)$ の最も簡単な例として,$\hat{V}(t)$ がステップ関
数的に変化する場合を考えよう.すなわち $t < 0$ で $\hat{V}(t) = 0$,$t \geq 0$ で $\hat{V}(t) = \hat{V}$
とすると微分方程式 (8.15) は積分でき,

$$\begin{aligned} c_m^{(1)}(t) &= -\frac{i}{\hbar} \int_0^t dt \langle m|\hat{V}|n\rangle \exp\left(i\omega_{mn}t\right) \\ &= -\frac{i}{\hbar} \langle m|\hat{V}|n\rangle \frac{\exp\left(i\omega_{mn}t\right) - 1}{i\omega_{mn}} \end{aligned}$$

となる.ただし,$\omega_{mn} = (\epsilon_m^{(0)} - \epsilon_n^{(0)})/\hbar$ である.時刻 t において状態 $|m\rangle$ にいる
確率は

$$|c_m^{(1)}|^2 = \frac{1}{\hbar^2}|\langle m|\hat{V}|n\rangle|^2 \frac{4\sin^2(\omega_{mn}t/2)}{\omega_{mn}^2}$$

となる.ここで,

$$\lim_{t\to\infty} \frac{\sin^2 \alpha t}{\pi\alpha^2 t} = \delta(\alpha)$$

であることを用いると,$t \to \infty$ で[*1]

$$|c_m^{(1)}|^2 = \frac{2\pi}{\hbar}|\langle m|\hat{V}|n\rangle|^2 \delta(\epsilon_m^{(0)} - \epsilon_n^{(0)}) t$$

となる.したがって,単位時間あたりに状態 $|m\rangle$ に遷移する確率 (**遷移確率**) は

$$\frac{2\pi}{\hbar}|\langle m|\hat{V}|n\rangle|^2 \delta(\epsilon_m^{(0)} - \epsilon_n^{(0)}) \tag{8.16}$$

となる.

　ここまでの議論は,終状態 $|m\rangle$ が離散準位であることを想定してきたが,連続
スペクトルをもつ場合を考えよう.あるエネルギー E から $E + dE$ までの間に含

[*1]　たとえば,1 eV 程度の $\hbar\omega_{mn}$ を考えると,これは時間のスケールとしては 10^{-16} 秒に相当し,
　　通常の実験における観測時間に比べると十分に短い.

まれる状態の数が，状態密度 $\rho(E)$ を使って $\rho(E)dE$ で表されるとする．すると単位時間あたりの全遷移確率は式 (8.16) から

$$\int dE \rho(E) \frac{2\pi}{\hbar} |\langle m|\hat{V}|n\rangle|^2 \delta(E - \epsilon_n^{(0)}) = \frac{2\pi}{\hbar} |\langle m|\hat{V}|n\rangle|^2 \rho(\epsilon_n^{(0)})$$

となる．これを **Fermi** (フェルミ) の**黄金則**とよぶ．

次に $t > 0$ における $\hat{V}(t)$ の時間依存性が定数でなく

$$\hat{V}(t) = \hat{V} \exp(\mathrm{i}\omega t) + \hat{V}^\dagger \exp(-\mathrm{i}\omega t)$$

で表される場合を考える．このとき，$\hat{V}(t)$ の時間依存性がない場合と同様の計算で

$$c_m^{(1)}(t) = -\frac{1}{\hbar} \left[\langle m|\hat{V}|n\rangle \frac{\exp\left(\mathrm{i}(\omega_{mn} + \omega)t\right) - 1}{(\omega_{mn} + \omega)} + \langle m|\hat{V}^\dagger|n\rangle \frac{\exp\left(\mathrm{i}(\omega_{mn} - \omega)t\right) - 1}{(\omega_{mn} - \omega)} \right]$$

となることが示せる．もし始状態のエネルギーが終状態のエネルギーよりも高ければ第 1 項，低ければ第 2 項だけを考えれば十分である．始状態，終状態ともに連続スペクトルをもつとすると単位時間あたりの遷移確率は

$$\frac{2\pi}{\hbar} |\langle m|\hat{V}|n\rangle|^2 \rho(\epsilon_n^{(0)} + \hbar\omega)$$

および

$$\frac{2\pi}{\hbar} |\langle m|\hat{V}^\dagger|n\rangle|^2 \rho(\epsilon_n^{(0)} - \hbar\omega)$$

となる．そこで，連続スペクトルの中のある二つの状態 $|1\rangle$ と $|2\rangle$ について $|1\rangle \to |2\rangle$ と $|2\rangle \to |1\rangle$ の過程を考えよう．それぞれの過程への遷移確率 $w_{1\to 2}$ および $w_{2\to 1}$ は

$$w_{1\to 2} = \frac{2\pi}{\hbar} |\langle 2|\hat{V}|1\rangle|^2 \rho(\epsilon_2^{(0)})$$

$$w_{2\to 1} = \frac{2\pi}{\hbar} |\langle 1|\hat{V}^\dagger|2\rangle|^2 \rho(\epsilon_1^{(0)})$$

である．$|\langle 2|\hat{V}|1\rangle|^2 = |\langle 1|\hat{V}^\dagger|2\rangle|^2$ であるから $w_{1\to 2}/\rho(\epsilon_2^{(0)}) = w_{2\to 1}/\rho(\epsilon_1^{(0)})$ が成立する．これを**詳細釣合い**とよぶ．

8.6　吸 収 断 面 積

　前節までの議論に基づき，原子による光の吸収における**吸収断面積**の問題を考えよう．吸収断面積は，入射される単位面積あたりの光のエネルギー流束と単位時間あたりに原子に吸収されるエネルギーの比で与えられる．古典電磁気学によれば，単位面積を単位時間あたりに通過する電磁場のエネルギー (ポインティン

グベクトル $\boldsymbol{S}$) は電場を $\boldsymbol{E}$, 磁場を $\boldsymbol{B}$, 真空の透磁率を μ_0 として

$$\boldsymbol{S} = \frac{1}{\mu_0}\boldsymbol{E} \times \boldsymbol{B}$$

である. 電磁場として, ベクトルポテンシャル $\boldsymbol{A}$ が次のような平面波で表される場合を考えよう.

$$\boldsymbol{A} = 2A_0\varepsilon\cos\left(\frac{\omega}{c}\boldsymbol{n}\cdot\boldsymbol{r} - \omega t\right)$$

ここで A_0 は振幅を表す実数, ε は偏極の向き, $\boldsymbol{n}$ は平面波が進行する方向である. このとき

$$\boldsymbol{E} = -\frac{\partial}{\partial t}\boldsymbol{A} = -2\omega A_0\varepsilon\sin\left(\frac{\omega}{c}\boldsymbol{n}\cdot\boldsymbol{r} - \omega t\right)$$

$$\boldsymbol{B} = \nabla\times\boldsymbol{A} = \frac{-2\omega A_0}{c}\tilde{\varepsilon}\sin\left(\frac{\omega}{c}\boldsymbol{n}\cdot\boldsymbol{r} - \omega t\right)$$

である. $\varepsilon, \tilde{\varepsilon}, \boldsymbol{n}$ はそれぞれ x, y, z 軸方向の単位ベクトル $\boldsymbol{e}_x, \boldsymbol{e}_y, \boldsymbol{e}_z$ にとることができる. したがって $\boldsymbol{S}$ の時間平均は

$$\boldsymbol{S} = \frac{2\omega^2 A_0^2}{c\mu_0}\boldsymbol{e}_z$$

である.

一方, 電磁場中の電子のハミルトニアンは 12 章で議論するように[*2]

$$\hat{H} = \frac{(\hat{\boldsymbol{p}} - e\boldsymbol{A})^2}{2m} + V(\hat{\boldsymbol{r}}) + e\phi(\hat{\boldsymbol{r}})$$

で与えられる. ここで ϕ はスカラーポテンシャル, V は原子-核ポテンシャル等の外部ポテンシャルである. 電磁場が存在しない場合のハミルトニアンとの比較で, 電磁場による摂動項は $\boldsymbol{A}$ の 2 次の項の寄与を無視すると

$$\hat{V} = -\frac{e}{m}\boldsymbol{A}\cdot\hat{\boldsymbol{p}}$$

となる. ここで電磁波は横波で $\varepsilon = \boldsymbol{e}_x$ と $\boldsymbol{n} = \boldsymbol{e}_z$ が直交し, $\nabla\cdot\boldsymbol{A} = 0$ であることから $(\hat{\boldsymbol{p}}\cdot\boldsymbol{A})$ の寄与はないことに注意する. したがって, 状態 $|0\rangle$ から $|1\rangle$ への励起によって単位時間あたりに原子に吸収されるエネルギーは

$$\hbar\omega\frac{2\pi}{\hbar}|\langle 1|\hat{V}|0\rangle|^2\delta(\epsilon_1^{(0)} - \epsilon_0^{(0)} - \hbar\omega)$$

と求められる. 光の波長は原子のサイズに比べて通常非常に長いので,

$$\exp\left(\mathrm{i}\frac{\omega}{c}\boldsymbol{n}\cdot\boldsymbol{r} - \mathrm{i}\omega t\right) \sim 1$$

[*2] ここでは電磁場は量子化せず, 古典的に取り扱う. 電磁場の量子化については本教程の『量子力学 II』を参照.

と近似すると

$$\hat{V} = -\frac{eA_0}{m}\boldsymbol{e}_x \cdot \hat{\boldsymbol{p}}$$

となる. ところで,

$$[\hat{\boldsymbol{r}}, \hat{H}_0] = \frac{\mathrm{i}\hbar}{m}\hat{\boldsymbol{p}}$$

であるから,

$$\boldsymbol{e}_x \cdot \langle 1|\hat{\boldsymbol{p}}|0\rangle = \langle 1|\hat{p}_x|0\rangle = \frac{m}{\mathrm{i}\hbar}\langle 1|[\hat{x},\hat{H}_0]|0\rangle = \frac{m}{\mathrm{i}\hbar}(\epsilon_1^{(0)} - \epsilon_0^{(0)})\langle 1|\hat{x}|0\rangle$$

となる. よって原子に吸収されるエネルギーは

$$\omega_{10} \equiv \frac{\epsilon_1^{(0)} - \epsilon_0^{(0)}}{\hbar}$$

を用いて

$$\hbar\omega\frac{2\pi}{\hbar}(eA_0\omega_{10})^2|\langle 1|\hat{x}|0\rangle|^2\delta(\hbar\omega - \hbar\omega_{10})$$

である. したがって, 吸収断面積は終状態 ($|f\rangle$ とする) について和をとって

$$\sum_f \frac{\hbar\omega_{f0}\frac{2\pi}{\hbar}(eA_0)^2|\langle f|\hat{x}|0\rangle|^2\delta(\hbar\omega - \hbar\omega_{f0})}{\frac{2A_0^2}{c\mu_0}}$$

$$= \sum_f 4\pi^2\alpha\omega_{f0}|\langle f|\hat{x}|0\rangle|^2\delta(\omega - \omega_{f0}) \tag{8.17}$$

と与えられる. ただし α は超微細構造定数

$$\alpha = \frac{e^2}{4\pi\epsilon_0}\frac{1}{\hbar c} \sim \frac{1}{137}$$

である.

8.7 光 電 効 果

前節につづいて, 原子中の電子が古典的電磁場から受ける影響を考えよう. 今度は励起した状態が原子核に束縛された状態ではなく, 連続スペクトルをもつ非束縛状態であるとする. すなわち, 光電効果である. 励起した状態が連続状態であることを考慮すると, 単位時間あたりに原子に吸収されるエネルギーは状態密度 ρ を使って

$$\hbar\omega\frac{2\pi}{\hbar}|\langle f|\hat{V}|0\rangle|^2\rho(\epsilon_f^{(0)})$$

と求められる. 終状態が平面波で $\varepsilon_f^{(0)} = \hbar^2 k_f^2/2m$ が成立するなら

$$\left(\frac{L}{2\pi}\right)^3 d^3 k_f = \frac{mL^3}{8\pi^3\hbar^2} k_f d\varepsilon_f^{(0)} d\Omega$$

である. Ω は波数空間における立体角である.

$$\frac{\hbar\omega \frac{2\pi}{\hbar} \frac{e^2}{m^2} A_0^2}{\frac{2A_0^2}{c\mu_0}\omega^2} = \frac{4\pi^2 \frac{e^2}{4\pi\epsilon_0} \frac{1}{\hbar c}\hbar}{m^2\omega} = \frac{4\pi^2\alpha\hbar}{m^2\omega}$$

であることに注意して前節の式 (8.17) と同様の計算をすると, 単位立体角あたりの微分断面積 $d\sigma/d\Omega$ は

$$\frac{d\sigma}{d\Omega} = \frac{4\pi^2\alpha\hbar}{m^2\omega}|\langle f| \exp\left(\mathrm{i}\frac{\omega}{c}\boldsymbol{n}\cdot\boldsymbol{r}\right)\boldsymbol{\varepsilon}\cdot\boldsymbol{p}|0\rangle|^2 \frac{mL^3}{8\pi^3\hbar^2} k_f$$

となる.

ここで登場する行列要素 $\langle f| \exp\left(\mathrm{i}\frac{\omega}{c}\boldsymbol{n}\cdot\boldsymbol{r}\right)\boldsymbol{\varepsilon}\cdot\boldsymbol{p}|0\rangle$ は, $\langle f|$ が波数ベクトル $\boldsymbol{k}_f$ の平面波のときは $\phi_0(\boldsymbol{r}) = \langle\boldsymbol{r}|0\rangle$ として

$$\langle f| \exp\left(\mathrm{i}\frac{\omega}{c}\boldsymbol{n}\cdot\boldsymbol{r}\right)\boldsymbol{\varepsilon}\cdot\boldsymbol{p}|0\rangle \sim \boldsymbol{\varepsilon}\cdot\int d^3\boldsymbol{r}\exp(-\mathrm{i}\boldsymbol{k}_f\cdot\boldsymbol{r})\exp(\mathrm{i}\frac{\omega}{c}\boldsymbol{n}\cdot\boldsymbol{r})\frac{\hbar}{\mathrm{i}}\nabla\phi_0(\boldsymbol{r})$$

となる. さらに $\boldsymbol{\varepsilon}$ と $\boldsymbol{n}$ が直交するため

$$\boldsymbol{\varepsilon}\cdot\nabla\left[\exp\left(\mathrm{i}\frac{\omega}{c}\boldsymbol{n}\cdot\boldsymbol{r}\right)\right] = 0$$

であること, $\phi_0(\boldsymbol{r})$ が原子核の中心から十分離れた $\boldsymbol{r}$ で 0 であることに注意して部分積分すると, 結局 $\phi_0(\boldsymbol{r})$ を波数 $\boldsymbol{k}_f - \frac{\omega}{c}\boldsymbol{n}$ について Fourier 変換する問題に帰着することがわかる[*3].

[*3] たとえば, 次章で議論する水素原子中の 1s 電子のように, 指数関数的に $r \to \infty$ で減衰する束縛状態の 3 次元 Fourier 変換は, 極座標を使って

$$\int d^3\boldsymbol{r}\exp(-\mathrm{i}\boldsymbol{k}\cdot\boldsymbol{r})\exp(-r) = \int_0^{2\pi} d\phi \int_{-1}^1 d(\cos\theta) \int_0^\infty r^2 dr\exp(-\mathrm{i}kr\cos\theta)\exp(-r)$$

$$= 2\pi\int_0^\infty r^2 dr\frac{-1}{\mathrm{i}kr}[\exp(-\mathrm{i}kr) - \exp(\mathrm{i}kr)]\exp(-r)$$

$$= 2\pi\frac{\mathrm{i}}{k}\left[\frac{1}{(\mathrm{i}k+1)^2} - \frac{1}{(-\mathrm{i}k+1)^2}\right]$$

$$= \frac{8\pi}{(k^2+1)^2}$$

のように計算する.

9 角 運 動 量

本章では，球対称ポテンシャル中の一体問題などで重要な役割を果たす軌道角
運動量について議論する．その定義と交換関係から始め，昇降演算子を導入して
固有値問題を解く．また，固有関数として球面調和関数を導出し，最後に代表的
な 3 次元球対称ポテンシャル中の一体問題を議論する．

9.1 軌道角運動量

まず，位置ベクトル r を原点周りに回転させることを考える．この操作は 3×3
の実行列 R を使って以下のように表現される．

$$r' = Rr$$

回転操作ではベクトルの大きさは不変である．

$$r'^{\mathrm{T}} r' = r^{\mathrm{T}} R^{\mathrm{T}} R r = r^{\mathrm{T}} r$$

ここから R が直交行列であること，すなわち

$$R^{\mathrm{T}} R = 1$$

が要請される．R には $3 \times 3 = 9$ の行列要素があるが，R が直交行列であること
の条件が 6 個あるので，独立成分は 3 個となる．これは回転軸の方向を決めるの
に 2 自由度，回転角に 1 自由度で合計 3 自由度あることと整合する．

ここで微小回転を考えよう．すなわち

$$R = 1 + \delta R$$

である．δR の 2 次の項を無視すると，直交条件から

$$(1 + \delta R^{\mathrm{T}})(1 + \delta R) = 1 + \delta R^{\mathrm{T}} + \delta R = 1$$

となり，$\delta \boldsymbol{R}$ は反対称行列であることがいえる．これを Levi-Civita (レヴィ=チヴィタ) の記号

$$\varepsilon_{abc} = \begin{cases} 1 & (a,b,c) \text{ が } (1,2,3) \text{ の偶置換} \\ -1 & (a,b,c) \text{ が } (1,2,3) \text{ の奇置換} \\ 0 & \text{それ以外} \end{cases}$$

と無限小のベクトル $\delta\boldsymbol{\omega}$ を使って

$$\delta R_{ab} = -\sum_c \varepsilon_{abc}\delta\omega_c$$

と表すことにする．たとえば，

$$\delta\boldsymbol{\omega} = \begin{pmatrix} 0 \\ 0 \\ \delta\theta \end{pmatrix}$$

とすると

$$\boldsymbol{R} = \begin{pmatrix} 1 & -\delta\theta & 0 \\ \delta\theta & 1 & 0 \\ 0 & 0 & 1 \end{pmatrix}$$

となり，z 軸の方向に右ねじが進むとして，$\delta\theta$ だけねじの回転する方向に微小回転することを表す．このとき位置ベクトル $\boldsymbol{r}$ の変化 $\delta\boldsymbol{r} = \boldsymbol{r}' - \boldsymbol{r}$ は

$$\delta r_a = -\sum_{bc} \varepsilon_{abc}r_b\delta\omega_c$$

すなわち

$$\delta\boldsymbol{r} = \delta\boldsymbol{\omega} \times \boldsymbol{r}$$

である．

　ここで，量子力学の波動関数 ψ を $\boldsymbol{R}$ によって回転させて $\tilde{\psi}$ をつくることを考えよう．ψ の $\boldsymbol{r}$ における値が $\tilde{\psi}$ の $\boldsymbol{R}\boldsymbol{r}$ における値になるので

$$\tilde{\psi}(\boldsymbol{R}\boldsymbol{r}) = \psi(\boldsymbol{r})$$

である．したがって

$$\delta\psi = \tilde{\psi}(\boldsymbol{r}) - \psi(\boldsymbol{r})$$

$$= \psi(\boldsymbol{R}^{-1}\boldsymbol{r}) - \psi(\boldsymbol{r})$$

$$= -\delta\boldsymbol{r} \cdot \nabla\psi$$

$$= -(\delta\boldsymbol{\omega} \times \hat{\boldsymbol{r}}) \cdot \nabla\psi$$

$$= -\mathrm{i}\delta\boldsymbol{\omega} \cdot (\hat{\boldsymbol{r}} \times \hat{\boldsymbol{p}})\psi/\hbar$$

である. ここでは微小回転を考えたが, これを繰り返すことで有限角度の回転を表すことができる.

$$\lim_{N\to\infty}\left(1 + \frac{x}{N}\right)^N = \exp(x)$$

であるから, $\boldsymbol{\omega}$ の方向を軸にとって有限角度 $|\boldsymbol{\omega}|$ 回転させる演算子 U_R は

$$U_\mathrm{R} = \exp\left(-i\frac{\boldsymbol{\omega} \cdot \boldsymbol{L}}{\hbar}\right) \tag{9.1}$$

と書ける. ここで

$$\hat{\boldsymbol{L}} = \hat{\boldsymbol{r}} \times \hat{\boldsymbol{p}}$$

で定義される軌道角運動量演算子を導入した[*1]. 軌道角運動量演算子の各成分の間には以下のような交換関係が成立する.

$$\left[\hat{L}_a, \hat{L}_b\right] = \mathrm{i}\sum_c \varepsilon_{abc}\hbar\hat{L}_c$$

この関係が成立しているとき,

$$\left[\hat{\boldsymbol{L}}^2, \hat{L}_x\right] = \left[\hat{\boldsymbol{L}}^2, \hat{L}_y\right] = \left[\hat{\boldsymbol{L}}^2, \hat{L}_z\right] = 0$$

がいえる. ただし $\hat{\boldsymbol{L}}^2 = \hat{L}_x^2 + \hat{L}_y^2 + \hat{L}_z^2$ である. $\hat{L}_z$ の場合について確認しておくと

$$\left[\hat{L}_x\hat{L}_x + \hat{L}_y\hat{L}_y + \hat{L}_z\hat{L}_z, \hat{L}_z\right]$$

$$= \hat{L}_x\left[\hat{L}_x, \hat{L}_z\right] + \left[\hat{L}_x, \hat{L}_z\right]\hat{L}_x + \hat{L}_y\left[\hat{L}_y, \hat{L}_z\right] + \left[\hat{L}_y, \hat{L}_z\right]\hat{L}_y$$

$$= \hat{L}_x(-\mathrm{i}\hbar\hat{L}_y) + (-\mathrm{i}\hbar\hat{L}_y)\hat{L}_x + \hat{L}_y(\mathrm{i}\hbar\hat{L}_x) + (\mathrm{i}\hbar\hat{L}_x)\hat{L}_y$$

$$= 0$$

である.

ところで, 球対称ポテンシャル中の一体問題などにおいては, Schrödinger 方程式を極座標で表して解析したほうが便利である. 極座標表示で, Schrödinger 方程

[*1]　このように軌道角運動量は無限小回転と 1 対 1 対応し, 回転を表す変換群の生成子であるという.

式がどう表されるかをみておこう. 極座標での単位ベクトルを

$$e_r = \begin{pmatrix} \sin\theta\cos\phi \\ \sin\theta\sin\phi \\ \cos\theta \end{pmatrix}, \quad e_\theta = \begin{pmatrix} \cos\theta\cos\phi \\ \cos\theta\sin\phi \\ -\sin\theta \end{pmatrix}, \quad e_\phi = \begin{pmatrix} -\sin\phi \\ \cos\phi \\ 0 \end{pmatrix}$$

ととる.

$$\begin{aligned}
\hat{\boldsymbol{L}} &= \hat{\boldsymbol{r}} \times \frac{\hbar}{i}\nabla \\
&= \frac{\hbar}{i}re_r \times \left(e_r\frac{\partial}{\partial r} + e_\theta\frac{1}{r}\frac{\partial}{\partial\theta} + e_\phi\frac{1}{r\sin\theta}\frac{\partial}{\partial\phi} \right) \\
&= \frac{\hbar}{i}\left(e_\phi\frac{\partial}{\partial\theta} - e_\theta\frac{1}{\sin\theta}\frac{\partial}{\partial\phi} \right)
\end{aligned} \tag{9.2}$$

である. ここから若干の計算により

$$\hat{\boldsymbol{L}}^2 = -\hbar^2\left[\frac{1}{\sin\theta}\frac{\partial}{\partial\theta}\left(\sin\theta\frac{\partial}{\partial\theta} \right) + \frac{1}{\sin^2\theta}\frac{\partial^2}{\partial\phi^2} \right]$$

が示せる.

一方, 恒等式

$$\hat{\boldsymbol{L}}^2 = \hat{\boldsymbol{r}}^2\hat{\boldsymbol{p}}^2 - (\hat{\boldsymbol{r}}\cdot\hat{\boldsymbol{p}})^2 + i\hbar\hat{\boldsymbol{r}}\cdot\hat{\boldsymbol{p}}$$

$$\hat{\boldsymbol{r}}\cdot\hat{\boldsymbol{p}} = \frac{\hbar}{i}r\frac{\partial}{\partial r}$$

$$(\hat{\boldsymbol{r}}\cdot\hat{\boldsymbol{p}})^2 = -\hbar^2 r\frac{\partial}{\partial r}\left(r\frac{\partial}{\partial r} \right) = -\hbar^2\left[r^2\frac{\partial^2}{\partial r^2} + r\frac{\partial}{\partial r} \right]$$

に注意すると

$$\hat{\boldsymbol{L}}^2 = -\hbar^2 r^2\nabla^2 + \hbar^2 r^2\left[\frac{\partial^2}{\partial r^2} + \frac{2}{r}\frac{\partial}{\partial r} \right]$$

であるから

$$\begin{aligned}
&\left[-\frac{\hbar^2}{2m_e}\nabla^2 + V(r) \right]\psi \\
&= \left[-\frac{\hbar^2}{2m_e}\frac{1}{r^2}\frac{\partial}{\partial r}\left(r^2\frac{\partial}{\partial r} \right) + \frac{\hat{\boldsymbol{L}}^2}{2m_e r^2} + V(r) \right]\psi \\
&= \left[-\frac{\hbar^2}{2m_e}\frac{1}{r^2}\frac{\partial}{\partial r}\left(r^2\frac{\partial}{\partial r} \right) - \frac{\hbar^2}{2m_e r^2}\left(\frac{1}{\sin\theta}\frac{\partial}{\partial\theta}\left(\sin\theta\frac{\partial}{\partial\theta} \right) + \frac{1}{\sin^2\theta}\frac{\partial^2}{\partial\phi^2} \right) + V(r) \right]\psi
\end{aligned} \tag{9.3}$$

となる．式 (9.3) を変数分離法で解くことを考えると，中心力ポテンシャル中の一体問題の角度 (θ, ϕ) 成分は軌道角運動量演算子の固有値問題と同じであることがわかる．したがって，ハミルトニアン (9.3) の固有関数の角度依存性は軌道角運動量演算子の固有関数で表すことができる．なお，本章では，m を軌道角運動量の z 成分の固有値として使うので，混乱を避けるため電子の質量は m_e と表すこととする．

9.2　角運動量固有値問題

ここで議論をより一般的にしよう．軌道角運動量演算子 $(\hat{\boldsymbol{L}} = \hat{\boldsymbol{r}} \times \hat{\boldsymbol{p}})$ がもっている交換関係と同じ

$$\left[\hat{J}_a, \hat{J}_b\right] = \mathrm{i} \sum_c \varepsilon_{abc} \hbar \hat{J}_c$$

という交換関係が成立している一般の Hermite 演算子を考える．前節と同様の計算で

$$\left[\hat{J}_x, \hat{\boldsymbol{J}}^2\right] = \left[\hat{J}_y, \hat{\boldsymbol{J}}^2\right] = \left[\hat{J}_z, \hat{\boldsymbol{J}}^2\right] = 0$$

が示せる．ここで $\hat{\boldsymbol{J}}^2 = \hat{J}_x^2 + \hat{J}_y^2 + \hat{J}_z^2$ である．

$\left[\hat{J}_z, \hat{\boldsymbol{J}}^2\right] = 0$ が成立しているので，$\hat{J}_z$ と $\hat{\boldsymbol{J}}^2$ の同時固有関数 $|j, m\rangle$ を考えることができる．そこで $\hat{J}_z|j, m\rangle = m\hbar|j, m\rangle$，$\hat{\boldsymbol{J}}^2|j, m\rangle = \lambda\hbar^2|j, m\rangle$ とする．以下の議論で $m = -j, -j+1, -j+2, \ldots, j-1, j$ および $\lambda = j(j+1)$ を示そう．

$\hat{\boldsymbol{J}}$ は Hermite 演算子であるから

$$\lambda\hbar^2 = \langle j, m|\hat{\boldsymbol{J}}^2|j, m\rangle = |\hat{\boldsymbol{J}}|j, m\rangle|^2 \geq 0$$

である．ここで**昇降演算子**とよばれる次の演算子を導入しよう．

$$\hat{J}_+ = \hat{J}_x + \mathrm{i}\hat{J}_y$$
$$\hat{J}_- = \hat{J}_x - \mathrm{i}\hat{J}_y$$

昇降演算子については，次の交換関係が成立する．

$$\left[\hat{J}_\pm, \hat{\boldsymbol{J}}^2\right] = 0$$

$$\left[\hat{J}_{\pm}, \hat{J}_z\right] = \mp \hbar \hat{J}_{\pm}$$

これらの交換関係を使うと

$$\boldsymbol{\hat{J}}^2 \hat{J}_{\pm}|j,m\rangle = \hat{J}_{\pm} \boldsymbol{\hat{J}}^2|j,m\rangle = \lambda \hbar^2 \hat{J}_{\pm}|j,m\rangle$$

$$\hat{J}_z \hat{J}_{\pm}|j,m\rangle = \hat{J}_{\pm}(\hat{J}_z \pm \hbar)|j,m\rangle = (m \pm 1)\hbar \hat{J}_{\pm}|j,m\rangle$$

が示せる. つまり $\hat{J}_{\pm}|j,m\rangle$ は $\boldsymbol{\hat{J}}^2$ に対して $|j,m\rangle$ と同じ固有値 $\lambda \hbar^2$ をもち, $\hat{J}_z$ に対しては $(m \pm 1)\hbar$ の固有値をもつ. このことから, $a_{jm}^{\pm}$ を定数として $\hat{J}_{\pm}|j,m\rangle = a_{jm}^{\pm}|j,m \pm 1\rangle$ とおくことができる.

さて, $(\hat{J}_x^2 + \hat{J}_y^2)|j,m\rangle = (\boldsymbol{\hat{J}}^2 - \hat{J}_z^2)|j,m\rangle = (\lambda - m^2)\hbar^2|j,m\rangle$ で, かつ $\langle j,m|\hat{J}_x^2 + \hat{J}_y^2|j,m\rangle \geq 0$ であるから, $\lambda \geq m^2$ である. すなわち, λ を固定すると, m には上限値, 下限値がある. ここでその上限, 下限の値を j, j' とする. すると

$$\hat{J}_+|j, m = j\rangle = 0$$

$$\hat{J}_-|j, m = j'\rangle = 0$$

が成立する. 一方

$$\hat{J}_+ \hat{J}_- = (\hat{J}_x + \mathrm{i}\hat{J}_y)(\hat{J}_x - \mathrm{i}\hat{J}_y)$$

$$= \hat{J}_x^2 + \hat{J}_y^2 + \mathrm{i}\left[\hat{J}_y, \hat{J}_x\right]$$

$$= \boldsymbol{\hat{J}}^2 - \hat{J}_z^2 + \hbar \hat{J}_z$$

$$\hat{J}_- \hat{J}_+ = \boldsymbol{\hat{J}}^2 - \hat{J}_z^2 - \hbar \hat{J}_z$$

であることを用いると

$$\hat{J}_- \hat{J}_+|j, m = j\rangle = 0$$

$$= (\boldsymbol{\hat{J}}^2 - \hat{J}_z^2 - \hbar \hat{J}_z)|j, m = j\rangle$$

$$= (\lambda - j^2 - j)\hbar^2|j, m = j\rangle$$

$$\hat{J}_+ \hat{J}_-|j, m = j'\rangle = 0$$

$$= (\lambda - j'^2 + j')\hbar^2|j, m = j'\rangle$$

が示せる. したがって, $\lambda = j^2 + j = j'^2 - j'$ である. このことから $(j + j')(j - j' + 1) = 0$ が示せるが, $j - j' + 1 > 0$ であるから $j = -j'$ といえる. つまり, m

がとり得る値は，$-j, -j+1, \ldots 0, \ldots j-1, j$ の $2j+1$ 個の値であり，かつ，j は整数か半整数の値でなければならない．

ここで $a_{jm}^{\pm}$ の値を決めておく．

$$|\hat{J}_+|j,m\rangle|^2 = \langle j,m|\hat{J}_-\hat{J}_+|j,m\rangle$$
$$= \langle j,m|\hat{\boldsymbol{J}}^2 - \hat{J}_z^2 - \hbar\hat{J}_z|j,m\rangle$$
$$= j(j+1)\hbar^2 - m(m+1)\hbar^2 = (j-m)(j+m+1)\hbar^2$$
$$\langle j,m|J_+J_-|j,m\rangle = (j+m)(j-m+1)\hbar^2$$

であるので，$a_{jm}^{\pm} = \sqrt{(j\mp m)(j\pm m+1)}\hbar$ とおけばよい．

9.3 球面調和関数

式 (9.3) でみたように，中心力ポテンシャル中の一体問題の角度成分は，波動関数 $\psi(\boldsymbol{r})$ を $R(r)Y(\theta,\phi)$ と変数分離すると

$$-\left[\frac{1}{\sin\theta}\frac{\partial}{\partial\theta}\left(\sin\theta\frac{\partial}{\partial\theta}\right) + \frac{1}{\sin^2\theta}\frac{\partial^2}{\partial\phi^2}\right]Y(\theta,\phi) = \lambda Y(\theta,\phi) \tag{9.4}$$

という微分方程式を解く問題に帰着される．この問題を変数分離法で解くことを考える．$Y(\theta,\phi) = \Theta(\theta)\Phi(\phi)$ とおいて微分方程式に代入すると

$$\frac{d^2\Phi}{d\phi^2} = -m^2\Phi$$
$$-\frac{1}{\sin\theta}\frac{d}{d\theta}\left(\sin\theta\frac{d\Theta}{d\theta}\right) + \frac{m^2}{\sin^2\theta}\Theta = \lambda\Theta$$

が得られる．ここで，Φ についての微分方程式の固有値が $\hat{L}_z/\hbar$ の固有値 m を使って $-m^2$ となるのは，$\hat{L}_z$ を極座標表示すると

$$\hat{L}_z = \frac{\hbar}{\mathrm{i}}\frac{\partial}{\partial\phi}$$

となるためである．Φ についての微分方程式を解くと $\Phi = \exp(\mathrm{i}m\phi)$ となる．前節の議論で，m は整数か半整数に限られるが，軌道角運動量の場合は整数に限られる．なぜ整数に限られるかについて，波動関数の一価性 ($\Phi(\phi) = \Phi(\phi+2\pi)$) を仮定して導出することもあるが，ここではそのような仮定をおかない，より直接的な導出をしておこう．

式 (9.2) より，軌道角運動量の昇降演算子は

$$\hat{L}_+ = \hat{L}_x + i\hat{L}_y = \exp(i\phi)\left[\frac{\partial}{\partial\theta} + i\cot\theta\frac{\partial}{\partial\phi}\right]$$

$$\hat{L}_- = \hat{L}_x - i\hat{L}_y = \exp(-i\phi)\left[-\frac{\partial}{\partial\theta} + i\cot\theta\frac{\partial}{\partial\phi}\right]$$

となる．ここで $\xi = \cos\theta$, $(0 \leq \theta \leq \pi)$ とおくと $\sin\theta = \sqrt{1-\xi^2}$ となる．θ から ξ への変数変換を行うと

$$\hat{L}_+ = \exp(i\phi)\left[-\sqrt{1-\xi^2}\frac{\partial}{\partial\xi} - \frac{\xi}{\sqrt{1-\xi^2}}\frac{1}{i}\frac{\partial}{\partial\phi}\right]$$

$$\hat{L}_- = \exp(-i\phi)\left[\sqrt{1-\xi^2}\frac{\partial}{\partial\xi} - \frac{\xi}{\sqrt{1-\xi^2}}\frac{1}{i}\frac{\partial}{\partial\phi}\right]$$

となる．ここで Y の ϕ 依存性が $\exp(im\phi)$ であることに注意すると

$$\hat{L}_+Y = \exp(i\phi)\left[-\sqrt{1-\xi^2}\frac{\partial}{\partial\xi} - \frac{m\xi}{\sqrt{1-\xi^2}}\right]Y$$

$$= -\exp(i\phi)(\sqrt{1-\xi^2})^{m+1}\frac{\partial}{\partial\xi}\left[(\sqrt{1-\xi^2})^{-m}Y\right]$$

である．同様に

$$\hat{L}_-Y = \exp(-i\phi)(\sqrt{1-\xi^2})^{-m+1}\frac{\partial}{\partial\xi}\left[(\sqrt{1-\xi^2})^{m}Y\right]$$

が導ける．

ここで，m が最大値 $(=l)$ である場合を考えよう．このとき

$$\hat{L}_+Y = 0$$

より

$$(\sqrt{1-\xi^2})^{-l}Y = 定数 \tag{9.5}$$

となる．また

$$\hat{L}_-^{2l+1}Y = 0$$

であるが，これを考える際に一般の m および正の整数 (n) について

$$\hat{L}_-^nY = \exp(-in\phi)(\sqrt{1-\xi^2})^{-m+n}\frac{\partial^n}{\partial\xi^n}\left[(\sqrt{1-\xi^2})^{m}Y\right]$$

であること (帰納法によって示せる) に注意すると $n = 2l + 1$, $m = l$ として

$$\frac{\partial^{2l+1}\left[(\sqrt{1-\xi^2})^l Y\right]}{\partial \xi^{2l+1}} = 0$$

がいえる．つまり $(\sqrt{1-\xi^2})^l Y$ は ξ の $2l$ 次の多項式である．式 (9.5) とあわせて $(1-\xi^2)^l$ が ξ について $2l$ 次の多項式でなければならないことがわかる．したがって l は 0 以上の整数であり，それに伴って m も整数で半整数とはならず，$\Phi(\phi) = \Phi(\phi + 2\pi)$ が成立する．

以上をふまえて θ の微分方程式 (9.4) を解こう．ξ への変数変換を行うと

$$\left[\frac{d}{d\xi}\left((1-\xi^2)\frac{d}{d\xi}\right) - \frac{m^2}{1-\xi^2} + l(l+1)\right]\Theta = 0$$

が得られる．この微分方程式は **Legendre** (ルジャンドル) の**陪微分方程式**とよばれ，その解は **Legendre の多項式**

$$P_l(\xi) = \frac{1}{2^l l!}\frac{d^l}{d\xi^l}(\xi^2 - 1)^l$$

を用いて

$$P_l^m(\xi) = (1-\xi^2)^{\frac{|m|}{2}}\frac{d^{|m|}P_l}{d\xi^{|m|}}$$

と与えられる．よって，中心力ポテンシャル中の一体問題の角度方向の波動関数は，規格化定数を N_{lm} として

$$Y_l^m(\theta, \phi) = N_{lm}P_l^m(\cos\theta)\Phi_m(\phi)$$

となる．Y_l^m を**球面調和関数**とよぶ．

Y_l^m の具体系を小さい l, m について示すと

$$Y_0^0 = \frac{1}{\sqrt{4\pi}}$$

$$Y_1^0 = \sqrt{\frac{3}{4\pi}}\cos\theta$$

$$Y_1^{\pm 1} = \mp\sqrt{\frac{3}{8\pi}}\sin\theta\exp(\pm i\phi)$$

となる．

9.4 球対称ポテンシャル中の一体問題

次に式 (9.3) を動径方向についても解くことを考えよう. 波動関数 $\psi(\boldsymbol{r})$ が $\hat{\boldsymbol{L}}^2$ と $\hat{L}_z$ の固有状態であるとすると, 前節で導入した球面調和関数 $Y_l^{\,m}(\theta, \phi)$ を使って

$$\psi(\boldsymbol{r}) = R_l(r)Y_l^{\,m}(\theta, \phi)$$

と書ける. 変数分離をすると Schrödinger 方程式は軌道角運動量の量子数 l を用いて

$$\left[-\frac{\hbar^2}{2m_{\mathrm{e}}}\frac{1}{r^2}\frac{d}{dr}\left(r^2\frac{d}{dr} \right) + \frac{\hbar^2 l(l+1)}{2m_{\mathrm{e}}r^2} + V(r) \right]R_l(r) = ER_l(r) \tag{9.6}$$

となる.

第 1 項は運動エネルギーの項に対応する. ここで

$$-\hbar^2\frac{1}{r^2}\frac{d}{dr}\left(r^2\frac{d}{dr} \right) = \left(\frac{\hbar}{\mathrm{i}}\frac{1}{r}\frac{d}{dr}r \right)^2$$

であるから, 動径方向の運動量演算子は

$$\hat{p}_r = \frac{\hbar}{\mathrm{i}}\frac{1}{r}\frac{d}{dr}r$$

と定義するとなじみ深い $\hat{p}_r^2/2m_{\mathrm{e}}$ という形になる.

$\hat{r}$ との交換関係は, 実際に計算してみると

$$[\hat{r}, \hat{p}_r] = \mathrm{i}\hbar$$

が確かめられる.

ところで, $\hat{p}_r$ が Hermite 演算子であるためには

$$\int d^3\boldsymbol{r}\,\psi^*(r,\theta,\phi)\frac{\hbar}{\mathrm{i}}\frac{1}{r}\frac{d}{dr}r\psi(r,\theta,\phi) = \int d^3\boldsymbol{r}\left(\frac{-\hbar}{\mathrm{i}}\frac{1}{r}\frac{d}{dr}r\psi^*(r,\theta,\phi) \right)\psi(r,\theta,\phi)$$

が成立していなければならない. 部分積分により, これは

$$\int_0^\pi \sin\theta d\theta \int_0^{2\pi} d\phi\,\frac{\hbar}{\mathrm{i}}\left[|r\psi(r,\theta,\phi)|^2 \right]_0^\infty = 0$$

となる. もし ψ が規格化可能であれば

$$\lim_{r\to\infty} r\psi(r,\theta,\phi) = 0$$

であるので,

$$\lim_{r \to 0} r\psi(r, \theta, \phi) = 0$$

であれば $\hat{p}_r$ は Hermite 演算子であるということになる. ただし, $\hat{p}_r$ の固有状態 $\exp(\mathrm{i}p_r r/\hbar)/r$ はこの条件を満たさない (3.2 節参照).

式 (9.6) をもう少し変形してみよう.

$$\frac{1}{r^2}\frac{d}{dr}\left(r^2\frac{d}{dr}\right) = \frac{1}{r}\frac{d^2}{dr^2}r$$

であるから, $u_l = rR_l$ を使って式 (9.6) を書き直すと

$$\left[-\frac{\hbar^2}{2m_e}\frac{d^2}{dr^2} + \frac{\hbar^2 l(l+1)}{2m_e r^2} + V(r)\right]u_l(r) = Eu_l(r) \tag{9.7}$$

となる. これは 1 次元の Schrödinger 方程式と同じ形をしている. 波動関数の規格化条件は

$$\int_0^\infty |u_l(r)|^2 dr = \int_0^\infty |R_l(r)|^2 r^2 dr = 1$$

で r の積分範囲を除けば 1 次元系の場合と同じ形をしている.

式 (9.7) の第 2 項は遠心力ポテンシャルに対応し, 角運動量が大きくなればなるほど原点に近づきにくくなる効果を表している. このことに由来し, $u_l(r)$ が $r \to 0$ でどのような振る舞いをするかをみておこう. ポテンシャルとして $\lim_{r\to 0} r^2 V(r) = 0$ を満たすものを選ぶと, 遠心力ポテンシャルのみを考えればよくなり, 議論が簡単になる. まず $l \neq 0$ の場合を考えよう. 式 (9.7) において, $u_l(r) \propto r^s$ であるとして最低次の係数に注目すると

$$s(s-1) - l(l+1) = 0$$

が導ける. $s = -l, l+1$ であるが, 規格化条件を満たし, 原点近くで発散しない解は $s = l+1$ である. すなわち u_l は原点近傍で r^{l+1} のように振る舞い, $u_l(r=0) = 0$ である. 次に $l = 0$ の場合であるが, 仮に $u_0(r=0) = c \neq 0$ であるとすると $Y_0^0 = 1/\sqrt{4\pi}$ であるから原点近傍で

$$\psi(\boldsymbol{r}) = \frac{c}{\sqrt{4\pi}}\frac{1}{r}$$

となる. ここで

$$\Delta\frac{1}{r} = -4\pi\delta(\boldsymbol{r})$$

であることに注意すると，Schrödinger 方程式は

$$\left[-\frac{\hbar^2 \Delta}{2m_{\mathrm{e}}} + V(r) \right] \psi(\boldsymbol{r}) = \frac{\hbar^2 \sqrt{4\pi} c}{2m_{\mathrm{e}}} \delta(\boldsymbol{r}) + V(r)\psi(\boldsymbol{r})$$

となり，右辺は $E\psi$ とはならない．したがって $c = 0$ でなければならず，$l = 0$ でも $u_0(r = 0) = 0$ が成立しなければならないことがわかった．つまり，$\hat{p}_r$ が Hermite 演算子である条件

$$\lim_{r \to 0} r\psi(r, \theta, \phi) = 0$$

は常に満たされる．

以上のことを踏まえ，以下，いくつかの代表的な球対称ポテンシャル中の一体問題を考えよう．

9.4.1 球 面 波

まず，ポテンシャル $V = 0$ の場合から始めよう．系には運動エネルギーしかないので，式 (9.6) において E は正である．

$$k = \frac{\sqrt{2m_{\mathrm{e}}E}}{\hbar}$$

として，$\rho = kr$ を使って式 (9.6) を書き換えると

$$\frac{d^2 R_l}{d\rho^2} + \frac{2}{\rho}\frac{dR_l}{d\rho} + \left[1 - \frac{l(l+1)}{\rho^2} \right] R_l = 0 \tag{9.8}$$

となる．この方程式の解で原点で正則な解は球 Bessel (ベッセル) 関数 $j_l(\rho)$ として知られている．l が小さいものの具体形は

$$j_0(\rho) = \frac{\sin\rho}{\rho}$$

$$j_1(\rho) = \frac{\sin\rho}{\rho^2} - \frac{\cos\rho}{\rho}$$

$$j_2(\rho) = \left(\frac{3}{\rho^3} - \frac{1}{\rho} \right)\sin\rho - \frac{3}{\rho^2}\cos\rho$$

である．したがって，極座標における自由粒子の波動関数は

$$\psi(r, \theta, \phi) = j_l(kr)Y_l^m(\theta, \phi)$$

である．

式 (9.6) の解としては，原点で正則でない球 Neumann (ノイマン) 関数 $n_l(\rho)$ も
ある．l が小さいものの具体形は

$$n_0(\rho) = -\frac{\cos\rho}{\rho}$$

$$n_1(\rho) = -\frac{\cos\rho}{\rho^2} - \frac{\sin\rho}{\rho}$$

$$n_2(\rho) = -\left(\frac{3}{\rho^3} - \frac{1}{\rho}\right)\cos\rho - \frac{3}{\rho^2}\sin\rho$$

である．球 Bessel 関数と球 Neumann 関数の線形和として球 Hankel (ハンケル)
関数

$$h_l^{(1)} = j_l + in_l$$

$$h_l^{(2)} = j_l - in_l = [h_l^{(1)}]^*$$

も考えられ，l が小さいときの具体形は

$$h_0^{(1)}(\rho) = \frac{\exp(i\rho)}{i\rho}$$

$$h_1^{(1)}(\rho) = -\frac{\exp(i\rho)}{\rho}\left(1 + \frac{i}{\rho}\right)$$

$$h_2^{(1)}(\rho) = \frac{i\exp(i\rho)}{\rho}\left(1 + \frac{3i}{\rho} - \frac{3}{\rho^2}\right)$$

である．

9.4.2　井戸型ポテンシャル中の一体問題

次に球対称な井戸型ポテンシャル

$$V(r) = \begin{cases} -V_0 & (r < a) \\ 0 & (r > a) \end{cases}$$

を考えよう．ただし V_0 は正の値であるとする．まず $l = 0$ の束縛状態に注目する
ことにする．この場合 E は負，$V_0 + E$ は正である．そこで

$$\kappa = \frac{\sqrt{2m_{\mathrm{e}}|E|}}{\hbar}$$

$$k = \frac{\sqrt{2m_{\mathrm{e}}(V_0 + E)}}{\hbar}$$

とし，式 (9.7) を書き換えると

$$\frac{d^2 u_0(r)}{dr^2} + k^2 u_0(r) = 0 \quad (r < a)$$

$$\frac{d^2 u_0(r)}{dr^2} - \kappa^2 u_0(r) = 0 \quad (r > a)$$

となり，$u_0(r = 0) = 0$ および $u_0(r \to \infty) = 0$ であることから

$$u_0(r) = \begin{cases} A\sin(kr) & (r < a) \\ B\exp(-\kappa r) & (r \geq a) \end{cases}$$

となる．また，$r = a$ で u_0 とその微分が連続であるという条件から

$$k\cot(ka) = -\kappa$$

が得られ，これからエネルギー準位が求まる．これは 5.3 節において波動関数が奇関数，すなわち $B_2 = 0$ の場合と同じ式である．

一般の l の場合，波動関数 R_l は

$$R_l(r) = \begin{cases} Aj_l(kr) & (r < a) \\ Bh_l^{(1)}(\mathrm{i}\kappa r) & (r \geq a) \end{cases}$$

となる．$l = 0$ のときと同様，$r = a$ で R_l とその微分が連続であるという条件から固有エネルギーが求められる．その値は一般に l に依存し，次に扱う水素原子型ポテンシャルの場合と状況を異にしている．

9.4.3 水素原子型ポテンシャル中の一体問題

次に水素原子型ポテンシャル中の電子の波動関数，固有エネルギーを求めてみよう．

$$V(r) = \frac{-Ze^2}{4\pi\varepsilon_0 r}$$

である[*2]．なお，Z は原子番号で，ε_0 は真空の誘電率である．ここで，

$$\rho = 2\kappa r$$

[*2] 以下，原子核の質量が電子の質量よりずっと重いので原子核の運動は無視することとする．ところで，原子核と電子の二体問題は重心運動と相対運動に分離できる．以下の議論において電子質量を換算質量に読み換えれば，その相対運動を (原子核が十分に重いという) 近似なしに扱っているとみなすこともできる．

$$\kappa = \frac{\sqrt{2m_{\mathrm{e}}|E|}}{\hbar}$$

$$\lambda = \frac{Ze^2}{4\pi\varepsilon_0\hbar}\sqrt{\frac{m_{\mathrm{e}}}{2|E|}}$$

を導入して固有方程式を書き直すと

$$\frac{1}{\rho^2}\frac{d}{d\rho}\left(\rho^2\frac{dR}{d\rho}\right) + \left[\frac{\lambda}{\rho} - \frac{1}{4} - \frac{l(l+1)}{\rho^2}\right]R = 0$$

となる. ここで, $\rho \to \infty$ の振る舞いを調べると, まず固有方程式は

$$\frac{d^2}{d\rho^2}R - \frac{1}{4}R = 0$$

となる. 波動関数が有界であることを考えると

$$R \sim \exp\left(-\frac{\rho}{2}\right)$$

となる.

　一方, ρ が小さい領域では, 本節のはじめに一般論として示したように, ρ^l のように振る舞う. そこで原点近傍と無限大の振る舞いをあわせて

$$R = \rho^l \exp(-\frac{\rho}{2})v$$

とおく. v についての固有方程式は

$$\rho\frac{d^2v}{d\rho^2} + [2(l+1) - \rho]\frac{dv}{d\rho} + (\lambda - l - 1)v = 0 \qquad (9.9)$$

となる. ここで v を

$$v = \sum_{k=0}^{\infty} a_k\rho^k \quad (a_0 \neq 0)$$

のようにべき展開して固有方程式に代入し, ρ の各べきで比較すると

$$a_{k+1} = \frac{k+l+1-\lambda}{(k+1)(k+2l+2)}a_k$$

が得られる. ここで k が大きい極限をとると

$$\frac{a_{k+1}}{a_k} \to \frac{1}{k}$$

が成立することから

$$a_k \to \frac{1}{k!}$$

となる. すなわち

$$v \sim \exp(\rho)$$

であるから

$$R \sim \rho^l \exp\left(\frac{\rho}{2}\right)$$

となり, ρ が大きいところで発散してしまう. したがって a_k は有限の k でゼロになる必要がある. すなわちある整数 n' で

$$\lambda = n' + l + 1 = n$$

が成立しなければならない. このとき n' を動径方向の量子数とよび, n を**主量子数**とよぶ.

$$n = \frac{Ze^2}{4\pi\varepsilon_0\hbar}\sqrt{\frac{m_\mathrm{e}}{2|E|}}$$

であるから, 固有エネルギーは

$$E = \frac{-Z^2 e^4}{(4\pi\varepsilon_0\hbar)^2}\frac{m_\mathrm{e}}{2n^2} = -\frac{\hbar^2}{2m_\mathrm{e}}\left(\frac{Z}{a_0}\right)^2\frac{1}{n^2}$$

となる. ここで a_0 は $4\pi\varepsilon_0\hbar^2/m_\mathrm{e}e^2 \sim 0.529$ Å で, **Bohr 半径**とよばれる. したがって, 水素型原子では, 固有エネルギーは主量子数 n のみで決まる. これは一般のポテンシャルの場合と状況が大きく違うところである[*3]. 軌道角運動量の演算子の量子数 l, m (**方位量子数, 磁気量子数**) は

$$l = 0, 1, 2, \ldots, n-1$$

$$m = -l, -l+1, \ldots, l-1, l$$

であるから, n に対してその縮退度は

$$\sum_{l=0}^{n-1}(2l+1) = n^2$$

[*3]　これは水素型原子のハミルトニアンのクーロンポテンシャルが, 一般のポテンシャルに比べて高い対称性をもっていることに由来する. 空間回転のような幾何学的な対称性ではなく, 力の法則にその起源があるので, 力学的対称性とよばれる. 水素型原子のハミルトニアンの場合, Runge-Lenz (ルンゲ–レンツ) ベクトル

$$\boldsymbol{B} = \frac{1}{2m_\mathrm{e}}(\hat{\boldsymbol{L}}\times\hat{\boldsymbol{p}} - \hat{\boldsymbol{p}}\times\hat{\boldsymbol{L}}) + \frac{Ze^2}{4\pi\varepsilon_0 r}\hat{\boldsymbol{r}}$$

がハミルトニアンと交換する. このことに基づいた議論によってエネルギーが主量子数 n にのみ依存することが示せる. 本書では (非相対論的) 水素原子型ハミルトニアンのスペクトルの詳細を追うことを目標としないので, 詳細は文献 [11] などを参照.

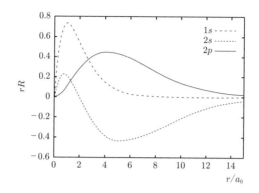

図 **9.1**　水素原子の動径方向の波動関数に r をかけたもの. 破線は $1s$ 状態, 点線は $2s$ 状態, 実線は $2p$ 状態に対応する.

である.

ところで

$$\rho\frac{d^2 L_q^p}{d\rho^2} + (p + 1 - \rho)\frac{dL_q^p}{d\rho} + (q - p)L_q^p = 0$$

を **Laguerre** (ラゲール) の陪微分方程式とよぶ. ここで, $p = 2l + 1$, $q = n + l$ とおくと式 (9.9) で考えた微分方程式になっていることがわかる. Laguerre の陪微分方程式の解の具体形から, 水素原子における電子の動径方向の波動関数は小さな n および l の場合に次のようになる.

(1) $n = 1$, 　$l = 0 : 2\left(\frac{Z}{a_0}\right)^{\frac{3}{2}} \exp\left(\frac{-Zr}{a_0}\right)$

(2) $n = 2$, 　$l = 0 : \left(\frac{Z}{2a_0}\right)^{\frac{3}{2}} \left(2 - \frac{Zr}{a_0}\right) \exp\left(\frac{-Zr}{2a_0}\right)$

(3) $n = 2$, 　$l = 1 : \frac{1}{\sqrt{3}}\left(\frac{Z}{2a_0}\right)^{\frac{3}{2}} \frac{Zr}{a_0} \exp\left(\frac{-Zr}{2a_0}\right)$

(1) を $1s$ 状態, (2) を $2s$ 状態, そして (3) を $2p$ 状態とよぶ. 図 9.1 にこれらの関数に r をかけたものを示す.

10 ス ピ ン

　電子，陽子，中性子などの粒子においては，スピンとよばれる内部自由度があり，全角運動量は軌道角運動量とスピン角運動量の寄与を加えたものであることが知られている．軌道角運動量と異なり，スピン自由度には古典的対応物がない．軌道角運動量の固有値は $\hbar$ の整数倍であったが，スピン角運動量の場合は半整数倍でもよい．本章では特に $\pm 1/2\hbar$ の 2 自由度をとる場合 (電子，陽子，中性子などのスピン自由度に相当する) に焦点をあて，軌道角運動量との合成などを議論する．

10.1　スピン演算子，Pauli 行列

　前章において，

$$\left[\hat{J}_a, \hat{J}_b\right] = \mathrm{i}\hbar \sum_c \varepsilon_{abc} \hat{J}_c$$

という交換関係が成立している一般の角運動量演算子を考えた．この関係が成立する最小の次元は 2 で，次のような行列表現をもつ演算子 $\hat{s}$ を考えることができる．

$$s_x = \frac{\hbar}{2}\begin{bmatrix} 0 & 1 \\ 1 & 0 \end{bmatrix}, \qquad s_y = \frac{\hbar}{2}\begin{bmatrix} 0 & -\mathrm{i} \\ \mathrm{i} & 0 \end{bmatrix}, \qquad s_z = \frac{\hbar}{2}\begin{bmatrix} 1 & 0 \\ 0 & -1 \end{bmatrix}$$

本章ではこのスピン演算子 $\hat{s}$ を詳しくみていこう．なお，$\hat{s}$ を $\hbar\hat{\boldsymbol{\sigma}}/2$ と書き，その行列表現 $\boldsymbol{\sigma}$ を Pauli (パウリ) 行列とよぶ．電子，陽子，中性子といった粒子については，その角運動量について，前章で議論した軌道角運動量 $\hat{\boldsymbol{L}}$ のほかにこのスピン角運動量 $\hat{s}$ の寄与があることが知られている．$\hat{L}_z$ の固有値が $\hbar$ の整数倍に限られるのに対し，$\hat{s}_z$ の固有値は $\pm\hbar/2$ という半整数の値をとり，古典的な対応物がない．スピン自由度の存在については，相対論的量子力学の枠組みの中で本教程の『量子力学 II』でより詳しく取り扱われる．

　スピン演算子に対しては，角運動量演算子として以下の交換関係が成立することは容易に確認できる．

$$[\hat{s}_a, \hat{s}_b] = \mathrm{i}\hbar \sum_c \varepsilon_{abc}\hat{s}_c$$

$$\left[\hat{s}_x, \hat{\boldsymbol{s}}^2\right] = \left[\hat{s}_y, \hat{\boldsymbol{s}}^2\right] = \left[\hat{s}_z, \hat{\boldsymbol{s}}^2\right] = 0$$

なお，スピン演算子と軌道角運動量演算子はすべて可換である．

10.2 スピンと回転

本節ではスピン自由度に対する回転操作を議論する．最初にいくつかの準備をしておこう．まず，Pauli 行列には次の恒等式が成立する．

$$
\begin{aligned}
(\boldsymbol{x}\cdot\boldsymbol{\sigma})(\boldsymbol{y}\cdot\boldsymbol{\sigma}) &= \sum_a x_a\sigma_a \sum_b y_b\sigma_b \\
&= \sum_{a,b}\left(\frac{1}{2}\{\sigma_a,\sigma_b\} + \frac{1}{2}[\sigma_a,\sigma_b]\right)x_a y_b \\
&= \sum_{a,b}(\delta_{ab} + \mathrm{i}\sum_c \varepsilon_{abc}\sigma_c)x_a y_b \\
&= \boldsymbol{x}\cdot\boldsymbol{y} + \mathrm{i}\boldsymbol{\sigma}\cdot(\boldsymbol{x}\times\boldsymbol{y})
\end{aligned}
\tag{10.1}
$$

ここで，Pauli 行列には以下の反交換関係と交換関係が成り立つことに注意する．

$$\{\sigma_a,\sigma_b\} = \sigma_a\sigma_b + \sigma_b\sigma_a = 2\delta_{ab}, \quad [\sigma_a,\sigma_b] = \sigma_a\sigma_b - \sigma_b\sigma_a = 2\mathrm{i}\sum_c \varepsilon_{abc}\sigma_c$$

ここで前章の式 (9.1) に従ってスピン空間の回転の演算子として

$$\exp\left(-\mathrm{i}\frac{\boldsymbol{\omega}\cdot\boldsymbol{s}}{\hbar}\right) = \exp\left(-\mathrm{i}\frac{\omega\boldsymbol{n}\cdot\boldsymbol{\sigma}}{2}\right)$$

を考える．ここで $\boldsymbol{n}$ は $\boldsymbol{\omega}$ 方向の単位ベクトル，ω は $\boldsymbol{\omega}$ の大きさである．式 (10.1) を使えば，

$$
(\boldsymbol{n}\cdot\boldsymbol{\sigma})^n =
\begin{cases}
1 & n \text{ が偶数の場合} \\
\boldsymbol{n}\cdot\boldsymbol{\sigma} & n \text{ が奇数の場合}
\end{cases}
$$

であるから

$$
\begin{aligned}
\exp\left(-\mathrm{i}\frac{\omega\boldsymbol{n}\cdot\boldsymbol{\sigma}}{2}\right) &= 1\cdot\cos(\tfrac{\omega}{2}) - \mathrm{i}(\boldsymbol{n}\cdot\boldsymbol{\sigma})\sin(\tfrac{\omega}{2}) \\
&= \begin{pmatrix} \cos(\tfrac{\omega}{2}) - \mathrm{i}n_z\sin(\tfrac{\omega}{2}) & (-\mathrm{i}n_x - n_y)\sin(\tfrac{\omega}{2}) \\ (-\mathrm{i}n_x + n_y)\sin(\tfrac{\omega}{2}) & \cos(\tfrac{\omega}{2}) + \mathrm{i}n_z\sin(\tfrac{\omega}{2}) \end{pmatrix}
\end{aligned}
\tag{10.2}
$$

と示せる．この行列はユニタリ行列で，行列式が 1 であることも容易に確認できる．この行列がつくる群は SU(2) とよばれる[*1]．自由度は n の方向と ω の大きさであり，前章での 3×3 の直交行列と同様に 3 である[*2]．

　簡単な場合として，ある状態 $|\phi\rangle$ に z 軸の周りの回転を施したときに $\hat{s}_x$ の期待値がどうなるかをみてみよう．2 行 2 列の行列の掛け算を行うと

$$\langle\phi| \exp\left(\frac{\mathrm{i}\hat{s}_z\omega}{\hbar}\right) \hat{s}_x \exp\left(\frac{-\mathrm{i}\hat{s}_z\omega}{\hbar}\right) |\phi\rangle = \langle\phi|\hat{s}_x|\phi\rangle\cos\omega - \langle\phi|\hat{s}_y|\phi\rangle\sin\omega$$

を示すことができるが，確かに z 軸周りに回転している．この事情は一般の角運動量の場合も変わらない．

　一方，式 (10.2) をみると，ω についての周期が 2π ではなく 4π であることがわかる．たとえば $\omega = 2\pi$ とすると

$$\exp\left(-\mathrm{i}\frac{\omega\boldsymbol{n}\cdot\boldsymbol{\sigma}}{2}\right) = \begin{pmatrix} -1 & 0 \\ 0 & -1 \end{pmatrix}$$

である．ここで 2π の回転の効果は $\hat{s}$ の期待値の計算にはあらわれないことに注意する．ブラベクトルとケットベクトルの負符号の効果がキャンセルしてしまうからである．つまり，前章で議論した SO(3) も本章での SU(2) も回転を表現するが，SU(2) の場合は同じ回転を 2 種類に表すので両者の対応は 1 対 2 になる．スピン自由度の 2π 回転の効果は，2π 回転させた状態とさせない状態の干渉をみることで初めて観測できる．

10.3　スピン角運動量と軌道角運動量の合成

　二つの独立な角運動量演算子である軌道角運動量 $\hat{\boldsymbol{L}}$ とスピン角運動量 $\hat{s}$ を合成して新しく $\hat{\boldsymbol{J}} = \hat{\boldsymbol{L}} + \hat{s}$ をつくることを考える．一般に，電子などスピン自由度をもつ粒子の固有ケットは位置固有ケット $|r\rangle$ が張る空間とスピン自由度の空間の

[*1]　ユニタリ行列全体は群を成す．実際，二つのユニタリ行列の積はユニタリ行列であるし，単位元および逆元の存在も明らかである．$n \times n$ のユニタリ行列がつくる群を U(n) とよぶ．その中の部分群として，行列式が 1 のものを SU(n) という．

[*2]　直交行列全体も群を成す．$n \times n$ の直交行列が成す群を O(n) とよぶ．特に行列式が 1 である直交行列がつくる群を SO(n) という．前章で議論したように，3 次元の回転は 3×3 の直交行列で表されるが，その行列式は ± 1 のうち 1 のものに限ってよい．したがって，3 次元空間での回転は SO(3) である．

直積空間内で表される．演算子 $\hat{\boldsymbol{L}}$ と $\hat{\boldsymbol{s}}$ は作用する空間が異なるので，$\hat{\boldsymbol{J}}$ はより正確には

$$\hat{\boldsymbol{J}} = \hat{\boldsymbol{L}} \otimes 1 + 1 \otimes \hat{\boldsymbol{s}}$$

である．$\hat{\boldsymbol{L}}$ と $\hat{\boldsymbol{s}}$ が交換することから $\hat{\boldsymbol{J}}$ について以下の交換関係が成立する．

$$\left[\hat{J}_i, \hat{J}_j\right] = \mathrm{i}\varepsilon_{ijk}\hbar\hat{J}_k$$

軌道角運動量とスピン角運動量の議論と同様，この空間における回転は

$$\exp\left(-\mathrm{i}\frac{\boldsymbol{\omega}\cdot\hat{\boldsymbol{J}}}{\hbar}\right) = \exp\left(-\mathrm{i}\frac{\boldsymbol{\omega}\cdot\hat{\boldsymbol{L}}}{\hbar}\right) \otimes \exp\left(-\mathrm{i}\frac{\boldsymbol{\omega}\cdot\hat{\boldsymbol{s}}}{\hbar}\right)$$

となる．以下，この節では表記を簡単にするため，$\hbar$ を 1 ととって角運動量の大きさを表現することとする．

$\hat{\boldsymbol{J}}$ の基底の選び方としてまず考えられるのは $\hat{L}^2$, $\hat{s}^2$, $\hat{L}_z$, $\hat{s}_z$ の同時固有状態である．これら四つの演算子が互いに交換するのは容易に確認できる．軌道角運動量の状態空間には $\hat{L}_z$ の固有値が $m_l = -l, -l+1, -l+2, \ldots, l-1, l$ の $2l+1$ 個の状態が，スピン角運動量の状態空間には $\hat{s}_z$ の固有値が $m_s = 1/2, -1/2$ の二つの状態がある．したがって，合成された角運動量の状態空間には合計で $4l+2$ 個の状態がある．これを $\{|m_l\rangle \otimes |m_s\rangle\}$ と表そう．

さて，これら $4l+2$ 個の状態が張る空間を別の基底，すなわち $\hat{\boldsymbol{J}}^2$, $\hat{L}^2$, $\hat{s}^2$, $\hat{J}_z$ の同時固有状態で表すことを考える．これを $\{|j, m_j\rangle\}$ と表そう．$\hat{\boldsymbol{J}}^2$ は $\hat{L}_z$ や $\hat{s}_z$ と交換せず，$\hat{J}_z$ とのみ交換するので $\hat{\boldsymbol{J}}^2$ の固有値と同時に $\hat{L}_z$ や $\hat{s}_z$ の固有値で状態をラベルすることはできないことに注意する．

まず，$\hat{J}_z$ が最大の状態を考える．それは m の最大値 l と m_s の最大値 $1/2$ をとる状態である．したがって，$4l+2$ 個の状態の中には，$\hat{J}_z$ の固有値が $m_j = -l-1/2, -l+1/2, \ldots, l-1/2, l+1/2$ となる $j = l+1/2$ の $2l+2$ 個の状態がある．これらの状態は

$$\left|j = l + \frac{1}{2}, m_j = l + \frac{1}{2}\right\rangle = |m_l = l\rangle \otimes \left|m_s = \frac{1}{2}\right\rangle$$

から出発して昇降演算子を施すことで次のように構成できる．

前章で述べたように，昇降演算子を施すと，$\hat{J}_z$ の固有値を変化させられる．

$$\hat{J}_\pm|j, m_j\rangle = a_m^\pm|j, m_j \pm 1\rangle$$

$$a_{m_j}^{\pm} = \sqrt{(j \mp m_j)(j \pm m_j + 1)}$$

この式を用いると，一般に

$$|j, m_j\rangle = \sqrt{\frac{(j + m_j)!}{(2j)!(j - m_j)!}} (J_-)^{j - m_j} |j, j\rangle$$

という関係が得られる．

この関係式をいまの問題に適用すると

$$|j = l + \frac{1}{2}, m_j\rangle$$
$$= \sqrt{\frac{(l + 1/2 + m_j)!}{(2l + 1)!(l + 1/2 - m_j)!}} (\hat{L}_- + \hat{s}_-)^{l + \frac{1}{2} - m_j} |j = l + \frac{1}{2}, m_j = l + \frac{1}{2}\rangle$$

さて，$\hat{s}_-$ は 2 回かけるとゼロになる（$-1/2$ より小さい固有値は存在しない）ことから

$$(\hat{L}_- + \hat{s}_-)^{l + \frac{1}{2} - m_j} = (\hat{L}_-)^{l + \frac{1}{2} - m_j} + (l + \frac{1}{2} - m_j)(\hat{L}_-)^{l - \frac{1}{2} - m_j} \hat{s}_-$$

である．このことに注意すると

$$|j = l + \frac{1}{2}, m_j\rangle = \sqrt{\frac{l + 1/2 + m_j}{2l + 1}} |m_l = m_j - \frac{1}{2}\rangle \otimes |m_s = \frac{1}{2}\rangle$$
$$+ \sqrt{\frac{l + 1/2 - m_j}{2l + 1}} |m_l = m_j + \frac{1}{2}\rangle \otimes |m_s = -\frac{1}{2}\rangle$$

となる．$|l, m_j - \frac{1}{2}\rangle \otimes |\frac{1}{2}, \frac{1}{2}\rangle$ および $|m_l = m_j + \frac{1}{2}\rangle \otimes |m_s = -\frac{1}{2}\rangle$ の前の係数を **Clebsch-Gordan**（クレブシュ–ゴルダン）**係数**とよぶ．

以上で，$\hat{J}_z$ の最大固有値が $l + 1/2$ である $2l + 2$ 個の状態が求まった．残り $2l$ 個の状態は $\hat{J}_z$ の最大固有値が $l - 1/2$ の状態である．$\hat{J}_z$ の固有値が $l - 1/2$ の状態としては，すでに上の過程で

$$|j = l + \frac{1}{2}, m_j = l - \frac{1}{2}\rangle = \sqrt{\frac{2l}{2l + 1}} |m_l = l - 1\rangle \otimes |m_s = \frac{1}{2}\rangle$$
$$+ \sqrt{\frac{1}{2l + 1}} |m_l = l\rangle \otimes |m_s = -\frac{1}{2}\rangle$$

が求まっている．これと直交するようにもう一つの $m_j = l - 1/2$ の状態

$$|j = l - \frac{1}{2}, m_j = l - \frac{1}{2}\rangle = -\sqrt{\frac{1}{2l + 1}} |m_l = l - 1\rangle \otimes |m_s = \frac{1}{2}\rangle$$

$$+\sqrt{\frac{2l}{2l+1}}|m_l=l\rangle\otimes|m_s=-\frac{1}{2}\rangle$$

をつくり，これに $\hat{J}_-$ を作用させていけば，$\hat{J}_z$ の最大固有値が $l-1/2$ である $2l$ 個の状態を構成することができる．ただし，$|j=l-\frac{1}{2},m_j=l-\frac{1}{2}\rangle$ の全体の符号は慣習に従った．$|j=l-\frac{1}{2},m_j\rangle$ の具体形は

$$|j=l-\frac{1}{2},m_j\rangle=-\sqrt{\frac{l+1/2-m_j}{2l+1}}|m_l=m_j-\frac{1}{2}\rangle\otimes|m_s=\frac{1}{2}\rangle$$

$$+\sqrt{\frac{l+1/2+m_j}{2l+1}}|m_l=m_j+\frac{1}{2}\rangle\otimes|m_s=-\frac{1}{2}\rangle$$

となる．

さて，ここまで議論してきたスピン角運動量と軌道角運動量の合成は，任意の大きさの二つの角運動量 $\hat{\boldsymbol{J}}_1,\hat{\boldsymbol{J}}_2$ について一般化できる．以下，$\hat{J}_i^2$ の固有値を $j_i(j_i+1)$，$\hat{J}_{iz}$ の固有値を m_i とおく．全角運動量 $\hat{\boldsymbol{J}}^2=(\hat{\boldsymbol{J}}_1+\hat{\boldsymbol{J}}_2)^2$ の固有値は $j(j+1)$，$\hat{J}_z=\hat{J}_{1z}+\hat{J}_{2z}$ の固有値は m とする．状態 $|j,m\rangle$ を $|j_1,m_1\rangle\otimes|j_2,m_2\rangle$ の線形結合で表す．すなわち

$$|j,m\rangle=\sum_{m_1,m_2}c_{m_1,m_2}|j_1,m_1\rangle\otimes|j_2,m_2\rangle$$

である．Clebsch-Gordan 係数 c_{m_1,m_2} は以下の手順で求められる．まず，m が最大となるとき，すなわち $m=j=j_1+j_2$ の場合を考える．この状態は

$$|j,j\rangle=|j_1,j_1\rangle\otimes|j_2,j_2\rangle$$

である．ここに昇降演算子 $\hat{J}_-=\hat{J}_{1,-}+\hat{J}_{2,-}$ を作用させ，$|j=j_1+j_2,m\rangle$ $(-j_1-j_2\le m\le j_1+j_2)$ を構成する．次に $j=j_1+j_2-1$ の状態を考える．この中で一番 m が大きいのは $|j_1,j_1-1\rangle\otimes|j_2,j_2\rangle$ および $|j_1,j_1\rangle\otimes|j_2,j_2-1\rangle$ の線形結合でつくられる．このうちの一つは $j=j_1+j_2$ の状態としてすでに構成しているので，それと直交するようにつくればよい．ここで波動関数全体にかかる位相に不定性があるが，たとえば $|j_1,j_1\rangle\otimes|j_2,m-j_1\rangle$ の係数が正の実数になるようにとるといったルールを決めれば，その不定性も取り除くことができる．そのようにつくった $|j=j_1+j_2-1,m=j_1+j_2-1\rangle$ に対して再び昇降演算子 $\hat{J}_-$ を作用させ，$|j=j_1+j_2-1,m\rangle$ をつくる．ただし $-j_1-j_2+1\le m\le j_1+j_2-1$ である．同様の作業を繰り返してより小さい j の状態をつくっていけば，すべての $|j,m\rangle$ の状態が構成できる．

10.4　密度行列とスピン分極

　ここまでの議論は，ある系に属する粒子がすべて同一の状態にある場合についてのものである．この状況を**純粋状態**とよぶ．たとえば，$\hat{s}_x$ の固有状態は $\hat{s}_z$ の固有状態の $|\uparrow\rangle$ と $|\downarrow\rangle$ を使って

$$\frac{1}{\sqrt{2}}(|\uparrow\rangle + |\downarrow\rangle)$$

と表される．純粋状態について $\hat{s}_z$ を測定すると 50%の確率で固有値 $\hbar/2$ と $-\hbar/2$ のどちらかが観測される．

　一方，$|\uparrow\rangle$ の状態にある粒子と $|\downarrow\rangle$ の状態にある粒子が 1:1 の割合で (量子的な重ね合わせでなく) 確率的，古典的に混合している系を考えることもできる．このような状況を**混合状態**とよぶ．以下，本節では純粋状態，混合状態の物理量を**密度行列**を使って計算する一般論を概観し，最も簡単な量子系の一つである 2 自由度のスピン系のスピン分極を具体例としてみてみよう．

　まず純粋状態について，その物理量の演算子 $\hat{A}$ の期待値は，式 (2.4) などでもみてきたように

$$\langle\psi_n|\hat{A}|\psi_n\rangle$$

と計算される．混合状態に対しては，複数の純粋状態が確率的，古典的に混ざり合っていることから，物理量の演算子 $\hat{A}$ の統計的平均値 $\langle\langle A\rangle\rangle$ を

$$\langle\langle A\rangle\rangle = \sum_n w_n \langle\psi_n|\hat{A}|\psi_n\rangle$$

と計算する．ここで w_n は各純粋状態の重みを表す．たとえば，熱平衡状態にある多体系においては，w_n として Boltzmann (ボルツマン) 因子が採用される．

　さて，$\langle\langle A\rangle\rangle$ の表式をある完全系 $\{|m\rangle\}$ を使って書き換えると

$$\begin{aligned}
\langle\langle A\rangle\rangle &= \sum_{n,m} w_n \langle\psi_n|\hat{A}|m\rangle\langle m|\psi_n\rangle \\
&= \sum_{n,m} \langle m|\psi_n\rangle w_n \langle\psi_n|\hat{A}|m\rangle \\
&= \sum_m \langle m|\hat{\rho}\hat{A}|m\rangle \\
&= \mathrm{Tr}(\hat{\rho}\hat{A})
\end{aligned}$$

となる. ここで密度演算子 $\hat{\rho} = \sum_n |\psi_n\rangle w_n \langle\psi_n|$ を導入した. 純粋状態の場合, 密度行列は単に

$$\hat{\rho} = |\psi\rangle\langle\psi|$$

で, このとき

$$\langle\langle A\rangle\rangle = \sum_m \langle m|\psi\rangle\langle\psi|\hat{A}|m\rangle = \langle\psi|\hat{A}|\psi\rangle$$

であるから, 統計的平均値と量子力学的期待値が一致する.

密度演算子を行列表示したもの

$$\rho_{mn} = \langle m|\hat{\rho}|n\rangle$$

を**密度行列**とよぶ. 密度行列がわかれば物理量を計算することができる. 以下, 密度行列の重要な性質をいくつかみておこう. 密度行列を対角化する固有状態を $|\rho\rangle$ とし, その固有値を ρ とする. すなわち

$$\hat{\rho}|\rho\rangle = \rho|\rho\rangle$$

である. このとき,

$$\langle\rho|\hat{\rho}|\rho\rangle = \sum_n \langle\rho|\psi_n\rangle w_n \langle\psi_n|\rho\rangle = \sum_n w_n |\langle\rho|\psi_n\rangle|^2 \geq 0$$

であるから密度行列の固有値は常にゼロ以上であることがわかる.

また純粋状態の場合

$$\hat{\rho}\hat{\rho} = |\psi\rangle\langle\psi|\psi\rangle\langle\psi| = |\psi\rangle\langle\psi| = \hat{\rho}$$

が成立する. この関係は混合状態の場合は成立しない.

さらに状態ベクトル $|\psi\rangle$ が時間変化する場合, その時間変化は

$$i\hbar \frac{d}{dt}|\psi(t)\rangle = \hat{H}|\psi(t)\rangle$$

で記述されるので, 密度演算子の時間変化は

$$\frac{d}{dt}\hat{\rho}(t) = \sum_n \frac{d|\psi_n(t)\rangle}{dt} w_n \langle\psi_n(t)| + |\psi_n(t)\rangle w_n \frac{d\langle\psi_n(t)|}{dt}$$
$$= \frac{1}{i\hbar} \sum_n \hat{H}|\psi_n(t)\rangle w_n \langle\psi_n(t)| - |\psi_n(t)\rangle w_n \langle\psi_n(t)|\hat{H}$$

$$= \frac{1}{i\hbar}[\hat{H}, \hat{\rho}]$$

に従う.

以上述べてきた密度行列を使ってスピンの分極がどのように表されるかをみてみよう. まず, Pauli 行列について, 次の関係が成立することに注意しよう.

$$\mathrm{Tr}(\boldsymbol{I}\sigma_i) = 0$$

$$\mathrm{Tr}(\sigma_i\sigma_j) = 2\delta_{ij}$$

ここで $\boldsymbol{I}$ は 2 行 2 列の単位行列である. この関係を用いると密度行列 ρ は

$$\rho = \frac{1}{2}\left[\mathrm{Tr}(\rho\boldsymbol{I})\boldsymbol{I} + \mathrm{Tr}(\rho\sigma_x)\sigma_x + \mathrm{Tr}(\rho\sigma_y)\sigma_y + \mathrm{Tr}(\rho\sigma_z)\sigma_z\right]$$

と書ける. すなわち

$$M_z = \mathrm{Tr}(\rho\sigma_z)$$
$$M_x = \mathrm{Tr}(\rho\sigma_x)$$
$$M_y = \mathrm{Tr}(\rho\sigma_y)$$

とおくと

$$\rho = \frac{1}{2}\begin{pmatrix} 1 + M_z & M_r - iM_y \\ M_x + iM_y & 1 - M_z \end{pmatrix} = \frac{1}{2}\left[\boldsymbol{I} + \boldsymbol{M}\cdot\boldsymbol{\sigma}\right]$$

と書ける.

$$\rho^2 = \frac{1}{2}\begin{pmatrix} \frac{1}{2} + \frac{M^2}{2} + M_z & M_x - iM_y \\ M_x + iM_y & \frac{1}{2} + \frac{M^2}{2} - M_z \end{pmatrix}$$

であるから,

$$\mathrm{Tr}\rho^2 = \frac{1}{2}(1 + M_x^2 + M_y^2 + M_z^2)$$

である. さて, 純粋状態のときは $M_x^2 + M_y^2 + M_z^2 = 1$ であるから, このときはたしかに $\mathrm{Tr}\rho^2 = 1$ が成立する.

ところで, 12 章で議論するように, スピン自由度は外部磁場 $\boldsymbol{B}$ と結合する. そのハミルトニアンは

$$H = -\frac{g\mu_{\mathrm{B}}}{2}\boldsymbol{B}\cdot\boldsymbol{\sigma} \tag{10.3}$$

と表される. ただし $\mu_{\mathrm{B}} = e\hbar/2m$ は **Bohr 磁子**である. g は g 因子とよばれるもので, 『量子力学 II』でも議論されるように電子のスピンの場合, ほぼ 2 である.

このハミルトニアンに基づいて密度行列の運動方程式を計算すると

$$\frac{d\rho}{dt} = -\frac{i}{\hbar}[H, \rho]$$
$$= -\frac{i}{\hbar}\left[-\frac{g\mu_B}{2}\boldsymbol{B}\cdot\boldsymbol{\sigma}, \frac{1}{2}[\boldsymbol{I} + \boldsymbol{M}\cdot\boldsymbol{\sigma}]\right]$$

より

$$\frac{d\boldsymbol{M}}{dt}\cdot\boldsymbol{\sigma} = \frac{i}{\hbar}\left[\frac{g\mu_B}{2}\boldsymbol{B}\cdot\boldsymbol{\sigma}, \boldsymbol{M}\cdot\boldsymbol{\sigma}\right]$$
$$= \frac{g\mu_B}{\hbar}(\boldsymbol{M}\times\boldsymbol{B})\cdot\boldsymbol{\sigma}$$

となり,

$$\frac{d\boldsymbol{M}}{dt} = \frac{g\mu_B}{\hbar}(\boldsymbol{M}\times\boldsymbol{B}) = \gamma(\boldsymbol{M}\times\boldsymbol{B})$$

という古典力学でおなじみの式が導かれる. ここで式 (10.1) を用いた. γ を磁気回転比とよぶ. $\boldsymbol{M}$ と $\boldsymbol{B}$ が平行でなければ, $\boldsymbol{M}$ は歳差運動を起こす.

11 量子ダイナミクス

　本章では物理量や状態の力学的発展を考察する．まず，時間発展演算子がどのような形をしているかを説明する．ついである状態から別の状態への遷移を記述する確率振幅を導入し，これを Feynman (ファインマン) の経路積分とよばれる方法でどのように記述するかを議論する．本章ではハミルトニアンは時間に依存しないものとする．

11.1　時間発展演算子

　まず，状態 $\psi(t)$ をハミルトニアン $\hat{H}$ の固有状態 $|m\rangle$ で展開する．$|m\rangle$ の固有値を ϵ_n とする．

$$|\psi(t)\rangle = \sum_m |m\rangle a_m(t)$$

これを Schrödinger 方程式

$$i\hbar \frac{\partial}{\partial t}\psi(t) = \hat{H}\psi(t)$$

に代入し，左から $\langle n|$ をかけると

$$i\hbar \frac{da_n(t)}{dt} = \epsilon_n a_n(t)$$

となり，$a_n(t) = a_n(0)\exp(-\frac{i\epsilon_n t}{\hbar})$ が得られる．$a_m(0) = \langle m|\psi(0)\rangle$ であるから

$$|\psi(t)\rangle = \sum_m |m\rangle \exp(-\frac{i\epsilon_m t}{\hbar})\langle m|\psi(0)\rangle$$

よって時間発展演算子 $\hat{U}(t)$ を

$$|\psi(t)\rangle = \hat{U}(t)|\psi(0)\rangle$$

で定義すると

$$\hat{U}(t) = \sum_m |m\rangle \exp(-\frac{i\epsilon_m t}{\hbar})\langle m| = \exp(-\frac{i\hat{H}t}{\hbar})$$

と書ける．$\hat{H}$ は Hermite 演算子なので $\hat{U}^\dagger(t) = \exp(\frac{i\hat{H}t}{\hbar})$ であり，$\hat{U}^\dagger \hat{U} = \hat{U}\hat{U}^\dagger = 1$ が成立する[*1]．また $|\psi(0)\rangle$ は任意なので，Schrödinger 方程式から

$$i\hbar \frac{d\hat{U}(t)}{dt} = \hat{H}\hat{U}(t)$$

が得られる．

11.2　演算子の時間発展：Heisenberg 描像

状態の時間発展が

$$|\psi(t)\rangle = \hat{U}(t)|\psi(0)\rangle$$

によって起こるので，物理量 $\hat{A}$ の期待値 $\langle A\rangle(t)$ の時間発展は

$$\langle A\rangle(t) = \langle\psi(t)|\hat{A}(t)|\psi(t)\rangle$$
$$= \langle\psi(0)|\hat{U}^\dagger(t)\hat{A}\hat{U}(t)|\psi(0)\rangle$$

によって表される．この式から，状態は $|\psi(0)\rangle$ のまま時間発展せず，演算子が

$$\hat{A}^{(H)}(t) = \hat{U}^\dagger(t)\hat{A}\hat{U}(t)$$

と時間発展すると考えることもできる．このような見方を **Heisenberg** (ハイゼンベルク) **描像**といい，状態が時間発展するとする見方を **Schrödinger 描像**という．

$\hat{A}^{(H)}(t)$ の時間発展を記述する運動方程式は

$$\begin{aligned}
i\hbar \frac{d}{dt}\hat{A}^{(H)}(t) &= i\hbar \frac{d}{dt}\left(\hat{U}^\dagger(t)\hat{A}\hat{U}(t)\right) \\
&= \left(i\hbar \frac{d\hat{U}^\dagger(t)}{dt}\right)\hat{A}\hat{U}(t) + \hat{U}^\dagger(t)\hat{A}\left(i\hbar \frac{d\hat{U}(t)}{dt}\right) \\
&= -\hat{H}\hat{U}^\dagger(t)\hat{A}\hat{U}(t) + \hat{U}^\dagger(t)\hat{A}\hat{U}(t)\hat{H} \\
&= [\hat{A}^{(H)}(t), \hat{H}] \qquad\qquad\qquad\qquad\qquad (11.1)
\end{aligned}$$

[*1]　一般に $\hat{U}^{-1} = \hat{U}^\dagger$ の関係が成立する演算子を**ユニタリ演算子**とよぶ．波動関数 $|\psi\rangle$ に対してユニタリ演算子 $\hat{U}$ を作用させ，新たに $|\psi'\rangle = \hat{U}|\psi\rangle$ をつくるユニタリ変換では，状態のノルムが保存される．これは以下のように示せる．

$$\langle\psi'|\psi'\rangle = \langle\hat{U}\psi|\hat{U}\psi\rangle = \langle\psi|\hat{U}^\dagger\hat{U}\psi\rangle = \langle\psi|\psi\rangle$$

したがってユニタリ変換は無限次元空間のベクトル $|\psi\rangle$ を回転させて $|\psi'\rangle$ に移すという解釈ができる．

となる．これを Heisenberg の運動方程式という．$\hat{A}$ と $\hat{H}$ が交換するとき，Heisenberg 描像における $\hat{A}^{(H)}(t)$ は時間発展をしないことがわかる．

この Heisenberg の運動方程式と古典力学との対応をみておこう．まず，2.3 節でみた Ehrenfest の定理が Heisenberg 描像でどう記述されるかを調べてみよう．

一般に演算子 $\hat{A}$, $\hat{B}$, $\hat{C}$ の間には

$$\left[\hat{A}, \hat{B}\hat{C}\right] = \left[\hat{A}, \hat{B}\right]\hat{C} + \hat{B}\left[\hat{A}, \hat{C}\right]$$

が成立すること，および $[\hat{x}, \hat{p}_x] = i\hbar$ を利用すると，一般の整数 n について

$$\left[\hat{x}, \hat{p}_x^n\right] = i\hbar n \hat{p}_x^{n-1}$$

が成立することが示せる．ここでハミルトニアンが

$$\hat{H} = \frac{1}{2m}\hat{p}_x^2 + V(\hat{x})$$

で表されるとして，Heisenberg の方程式を計算すると

$$\frac{d\hat{x}^{(H)}}{dt} = \frac{1}{i\hbar}\left[\hat{x}^{(H)}, \frac{\hat{p}_x^2}{m}\right] = \frac{\hat{p}_x}{m}$$

$$\frac{d\hat{p}_x^{(H)}}{dt} = \frac{1}{i\hbar}\left[\hat{p}_x^{(H)}, V(\hat{x})\right] = -\frac{\partial}{\partial x}V$$

がいえる．これらは Schrödinger 方程式を用いて導かれた Ehrenfest の定理とまったく同じ内容を表す．

さて，本教程の『古典力学』にあるように，古典力学においては，$\boldsymbol{r}$, $\boldsymbol{p}$ の任意関数 A の時間発展は Poisson の括弧形式を使った

$$\frac{dA}{dt} = \{A, H\} = \sum_{i=x,y,z}\left(\frac{\partial A}{\partial x_i}\frac{\partial H}{\partial p_i} - \frac{\partial A}{\partial p_i}\frac{\partial H}{\partial x_i}\right)$$

という運動方程式に従う．ただし A は陽に時間に依存しないものとする．これをみると，量子力学における交換関係の式を Poisson の括弧に対応させると古典力学の運動方程式が導かれることがわかる．ただし，量子力学の運動方程式の中には，古典力学にその対応物がないものもあることに注意しなければならない．たとえば，Heisenberg 描像でスピン演算子の時間発展は

$$\frac{d\hat{s}_i^{(H)}}{dt} = \frac{1}{i\hbar}[\hat{s}_i^{(H)}, \hat{H}]$$

という運動方程式に従うが，前章で述べたように，スピン角運動量は古典的対応物がないため，この方程式に対応するものは古典力学にはない．この事情は，量子力学から古典力学を導くことはできてもその逆は容易な問題ではないことを表している．

11.3 相互作用描像

ハミルトニアンが $\hat{H} = \hat{H}_0 + \hat{V}$ と分割できるとする．ここで $\hat{U}^{(0)}(t) = \exp(-i\hat{H}_0 t/\hbar)$ を導入し

$$|\psi^{(I)}(t)\rangle = \hat{U}^{(0)\dagger}(t)|\psi(t)\rangle$$

を定義する．この時間発展は

$$
\begin{aligned}
i\hbar\frac{d}{dt}|\psi^{(I)}(t)\rangle &= -\hat{U}^{(0)\dagger}(t)\hat{H}_0|\psi(t)\rangle + \hat{U}^{(0)\dagger}(t)(\hat{H}_0 + \hat{V})|\psi(t)\rangle \\
&= \hat{U}^{(0)\dagger}(t)\hat{V}|\psi(t)\rangle \\
&= \hat{U}^{(0)\dagger}(t)\hat{V}\hat{U}^{(0)}(t)|\psi^{(I)}(t)\rangle
\end{aligned}
$$

と表される．これを**相互作用描像**とよぶ．この描像では演算子と状態の両方が時間発展をする．

相互作用表示での演算子を

$$\hat{A}^{(I)}(t) = \hat{U}^{(0)\dagger}(t)\hat{A}\hat{U}^{(0)}(t)$$

と表すことにすると

$$
\begin{aligned}
\frac{d}{dt}\hat{A}^{(I)}(t) &= i\hbar\frac{d}{dt}\left(U^{(0)\dagger}(t)\hat{A}\hat{U}^{(0)}(t)\right) \\
&= \left(i\hbar\frac{d\hat{U}^{(0)\dagger}(t)}{dt}\right)\hat{A}\hat{U}^{(0)}(t) + \hat{U}^{(0)\dagger}(t)\hat{A}\left(i\hbar\frac{d\hat{U}^{(0)}(t)}{dt}\right) \\
&= -\hat{H}_0\hat{U}^{(0)\dagger}(t)\hat{A}\hat{U}^{(0)}(t) + \hat{U}^{(0)\dagger}(t)\hat{A}\hat{U}^{(0)}(t)\hat{H}_0 \\
&= [\hat{A}^{(I)}(t), \hat{H}_0] \tag{11.2}
\end{aligned}
$$

および

$$i\hbar\frac{d}{dt}|\psi^{(I)}(t)\rangle = V^{(I)}(t)|\psi^{(I)}(t)\rangle \tag{11.3}$$

となる.

ここで $|\psi^{(I)}(t)\rangle$ についての微分方程式を解くと

$$|\psi^{(I)}(t)\rangle = |\psi^{(I)}(t=0)\rangle + \frac{1}{\mathrm{i}\hbar} \int_0^t dt' \hat{V}^{(I)}(t')|\psi^{(I)}(t')\rangle$$

となる. 右辺の $|\psi^{(I)}(t')\rangle$ にこの式で t を t' で置き換えたものを代入すると

$$|\psi^{(I)}(t)\rangle = |\psi^{(I)}(t=0)\rangle + \frac{1}{\mathrm{i}\hbar} \int_0^t dt' \hat{V}^{(I)}(t')|\psi^{(I)}(t'=0)\rangle$$
$$+ \left(\frac{1}{\mathrm{i}\hbar}\right)^2 \int_0^t dt' \hat{V}^{(I)}(t') \int_0^{t'} dt'' \hat{V}^{(I)}(t'')|\psi^{(I)}(t'')\rangle$$

これを繰り返すと

$$|\psi^{(I)}(t)\rangle = \left(1 + \sum_{k=1}^{\infty} \left(\frac{1}{\mathrm{i}\hbar}\right)^k \int_0^t dt_1 \int_0^{t_1} dt_2 \cdots \int_0^{t_{k-1}} dt_k \hat{V}^{(I)}(t_1)\hat{V}^{(I)}(t_2)\cdots\hat{V}^{(I)}(t_k)\right)$$
$$\times |\psi^{(I)}(t=0)\rangle$$

という表現が得られる. ところで

$$\int_0^t dt_1 \int_0^{t_1} dt_2 \cdots \int_0^{t_{k-1}} dt_k \hat{V}^{(I)}(t_1)\hat{V}^{(I)}(t_2)\cdots\hat{V}^{(I)}(t_k)$$
$$= \int_{0\leq t_k \leq t_{k-1} \cdots \leq t_2 \leq t_1 \leq t} dt_1 dt_2 \cdots dt_k \hat{V}^{(I)}(t_1)\hat{V}^{(I)}(t_2)\cdots\hat{V}^{(I)}(t_k)$$

であるが, ここで時間順序積 T を導入するとこれは

$$\frac{1}{k!} T \left(\int_0^t dt_1 \int_0^t dt_2 \cdots \int_0^t dt_k \hat{V}^{(I)}(t_1)\hat{V}^{(I)}(t_2)\cdots\hat{V}^{(I)}(t_k)\right)$$
$$= \frac{1}{k!} T \left(\left(\int_0^t dt' \hat{V}^{(I)}(t')\right)^k\right)$$

と表される. ここで T は, 演算子を時間の引数の大きなものから順番に並べて積をとる操作を表す. これを用いると

$$|\psi^{(I)}(t)\rangle = T \exp\left(\frac{1}{\mathrm{i}\hbar} \int_0^t dt' \hat{V}^{(I)}(t')\right) |\psi^{(I)}(t=0)\rangle \tag{11.4}$$

と簡潔に表現できる.

11.4 遷移確率振幅

位置表示の波動関数 $\psi(x,t)$ に作用して $\psi(x',t')$ を得る積分演算子

$$\psi(x',t') = \int dx K(x',t';x,t)\psi(x,t) \tag{11.5}$$

を考えよう. 以下, 本節では簡単のため 1 次元系を考えるが, 3 次元系への拡張は明らかである. 積分核 $K(x',t';x,t)$ は**プロパゲーター**とよばれる量で時間発展演算子 $\hat{U}$ を使って

$$\begin{aligned}
K(x',t';x,t) &= \langle x'| \exp\left(-\frac{\mathrm{i}\hat{H}(t'-t)}{\hbar}\right)|x\rangle \\
&= \langle x'|\hat{U}(t'-t)|x\rangle \\
&= \sum_m \langle x'|m\rangle\langle m|x\rangle \exp\left(-\frac{\mathrm{i}\varepsilon_m(t'-t)}{\hbar}\right)
\end{aligned}$$

と表せる. $K(x',t';x,t)$ は $t=0$ とすると

$$\begin{aligned}
K(x',t';x,0) &= \langle x'| \exp\left(-\frac{\mathrm{i}\hat{H}(t')}{\hbar}\right)|x\rangle \\
&= \langle x'|\hat{U}(t')|x\rangle \\
&= \langle x',t'|x,0\rangle
\end{aligned} \tag{11.6}$$

と表現することもでき, これは時刻 $t=0$ から時刻 t' の間に粒子がある場所 x から x' に移る**遷移振幅**を表す.

プロパゲーターが満たす重要な性質をみておこう. まず, x と t を固定し, x' と t' の関数であるとみなしたとき, 時間に依存する Schrödinger 方程式

$$\mathrm{i}\hbar\frac{\partial}{\partial t}K(x',t';x,t) = \hat{H}K(x',t';x,t) \tag{11.7}$$

が成り立つ. これは $\hat{H}\langle x'|m\rangle = \varepsilon_m\langle x'|m\rangle$ であることから明らかである. また, $t' \to t$ で

$$\lim_{t'\to t} K(x',t';x,t) = \langle x'|x\rangle = \delta(x'-x) \tag{11.8}$$

となる. さらに, $x'=x$ として x について積分すると

$$\int dx K(x,t';x,t) = \sum_m \exp\left(-\frac{\mathrm{i}\varepsilon_m(t'-t)}{\hbar}\right)$$

となる. 時間を虚数にとって

$$\beta = \frac{\mathrm{i}(t' - t)}{\hbar}$$

とすると, 統計力学で重要な役割を果たす分配関数 Z となる.

$$Z = \sum_m \exp(-\beta \varepsilon_m)$$

以上は一般論であったが, 自由粒子系を例にとって K の具体形をみてみよう. 運動量演算子 $\hat{p}_x$ と $\hat{H}$ の同時固有状態 $|p_x\rangle$ を用いて式変形すると

$$
\begin{aligned}
K(x', t'; x, t) &= \int dp_x \langle x'|p_x\rangle \langle p_x| \exp\left(-\frac{\mathrm{i}\hat{H}(t'-t)}{\hbar}\right)|x\rangle \\
&= \frac{1}{2\pi\hbar} \int dp_x \exp\left(\frac{\mathrm{i}p_x(x'-x)}{\hbar} - \frac{\mathrm{i}p_x^2(t'-t)}{2m\hbar}\right) \\
&= \sqrt{\frac{m}{2\pi\mathrm{i}\hbar(t'-t)}} \exp\left(\frac{\mathrm{i}m(x'-x)^2}{2\hbar(t'-t)}\right)
\end{aligned}
\tag{11.9}
$$

となる. ただし

$$\int \exp\left(-\mathrm{i}ax^2 + \mathrm{i}bx\right) dx = \sqrt{\frac{\pi}{\mathrm{i}a}} \exp\left[\frac{\mathrm{i}b^2}{4a}\right]$$

を使った. この積分核を用いると, 任意の波動関数の Schrödinger 方程式に従う時間発展が式 (11.5) によって計算できる.

11.5　Feynman の経路積分

前節で導入したプロパゲーターを経路積分という考え方で議論してみよう. 式 (11.6) で時間 $t = t_0$ から $t' = t_N$ までを N 分割し, そこに完全系を挟むと

$$
\begin{aligned}
\langle x_N, t_N | x_0, t_0 \rangle = &\int dx_{N-1} \int dx_{N-2} \cdots \int dx_1 \\
&\langle x_N, t_N | x_{N-1}, t_{N-1} \rangle \langle x_{N-1}, t_{N-1} | x_{N-2}, t_{N-2} \rangle \\
&\cdots \langle x_1, t_1 | x_0, t_0 \rangle
\end{aligned}
\tag{11.10}
$$

と書き直すことができる. これは図 11.1 で概念的に示すように, 時空間で固定された始点 (x_0, t_0) と終点 (x_N, t_N) の間のすべての可能な経路の寄与の総和をとることを表している. ここで $N \to \infty$ の極限を考える. t_i と t_{i-1} の時間差 Δt は無

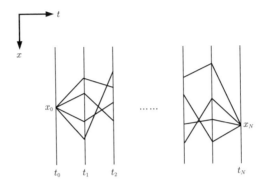

図 11.1 式 (11.10) で出てくる時空間内の経路. 固定された始点と終点の間で可能な経路のすべての寄与の総和を考える.

限小になるが, このとき,

$$\langle x_i t_i | x_{i-1} t_{i-1} \rangle = \sqrt{\frac{m}{2\pi i\hbar \Delta t}} \exp\left(i\frac{\int_{t_{i-1}}^{t_i} Ldt}{\hbar} \right) \tag{11.11}$$

とすると, プロパゲーターが満たすべき式 (11.7) および (11.8) が成立することをみてみよう. ただし L は古典ラグランジアンである. 以下, ハミルトニアンを

$$H(\hat{p}_x, \hat{x}) = \frac{\hat{p}_x^2}{2m} + V(\hat{x})$$

とすると,

$$L = \frac{p_x^2}{2m} - V(x)$$

である. L の表式における p_x および x は c 数である.

いま, Δt が無限小であるから, 式 (11.11) 中の $\int Ldt$ の積分は (x_i, t_i) と (x_{i-1}, t_{i-1}) を結ぶ直線で近似すると

$$\langle x_N, t_N | x_0, t_0 \rangle = \int dx_{N-1} \langle x_N, t_N | x_{N-1}, t_{N-1} \rangle \langle x_{N-1}, t_{N-1} | x_0, t_0 \rangle$$
$$= \int dx_{N-1} \sqrt{\frac{m}{2\pi i\hbar \Delta t}}$$
$$\times \exp\left[\frac{i}{\hbar}\left(\frac{m}{2}\frac{(x_N - x_{N-1})^2}{\Delta t} - V(\frac{x_N + x_{N-1}}{2})\Delta t \right) \right]$$
$$\times \langle x_{N-1}, t_{N-1} | x_0, t_0 \rangle$$

となる. ここで $\xi = x_N - x_{N-1}$ を導入し, x_N を x, t_N を $t + \Delta t$ と名前をつけかえて Δt について展開すると

$$\langle x, t | x_0, t_0 \rangle + \Delta t \frac{\partial}{\partial t} \langle x, t | x_0, t_0 \rangle = \sqrt{\frac{m}{2\pi i \hbar \Delta t}} \int d\xi$$
$$\exp\left(\frac{im\xi^2}{2\hbar\Delta t}\right) \left(1 - \frac{iV\Delta t}{\hbar}\right) \langle x - \xi, t | x_0, t_0 \rangle$$

となる. さらに ξ についても展開し, その 1 次の項は積分するとゼロになること,

$$\int d\xi \exp\left(\frac{im\xi^2}{2\hbar\Delta t}\right) = \sqrt{\frac{2\pi i \hbar \Delta t}{m}}$$

$$\int d\xi \xi^2 \exp\left(\frac{im\xi^2}{2\hbar\Delta t}\right) = \sqrt{2\pi} \left(\frac{i\hbar\Delta t}{m}\right)^{\frac{3}{2}}$$

であることに注意して Δt の 1 次の項を集めると

$$i\hbar \frac{\partial}{\partial t} \langle x, t | x_0 t_0 \rangle = -\frac{\hbar^2}{2m} \frac{\partial^2}{\partial x^2} \langle x, t | x_0 t_0 \rangle + V \langle x, t | x_0 t_0 \rangle$$

となり, 確かに式 (11.7) が満たされている. 一方, 式 (11.9) と比較すると

$$\lim_{\Delta t \to 0} \sqrt{\frac{m}{2\pi i \hbar \Delta t}} \exp\left(\frac{im(x_i - x_{i-1})^2}{2\hbar\Delta t} - \frac{i}{\hbar} V\left(\frac{x_i + x_{i+1}}{2}\right)\Delta t\right) = \delta(x_i - x_{i-1})$$

となるので式 (11.8) も成立することがいえる.

そこで

$$\int \mathcal{D}x(t) \equiv \lim_{N \to \infty} \left(\frac{m}{2\pi i \hbar \Delta t}\right)^{\frac{N}{2}} \int dx_{N-1} \int dx_{N-2} \cdots \int dx_1$$

と定義して

$$K(x', t'; x, t) = \int \mathcal{D}x(t) \exp\left(i \int_t^{t'} dt \frac{L}{\hbar}\right)$$

と表現する. これを Feynman の**経路積分**[*2]という. ここで $\int \mathcal{D}x(t)$ は可能な経路 $x(t)$ について和をとることを意味する. この表現において $\hbar \to 0$ の状況を考えると, 古典力学と量子力学のつながりがわかりやすい. $\hbar$ が非常に小さいとき, $\exp\left(i \int_t^{t'} dt \frac{L}{\hbar}\right)$ の位相は激しく振動し, さまざまな経路の寄与が互いに打ち消し合ってしまう. 打ち消し合わないのは $\int_t^{t'} L dt$ すなわち作用が極値をとるときで, これはまさに古典力学において古典経路が実現する条件と合致する.

---

*2　経路積分の基礎と応用について, より詳しくは文献 [10] などを参照.

12 磁場中の電子

　電子の量子力学的な振る舞いを実験的に調べるうえで，一般に電磁場を使った測定は極めて有用な情報を与える．本章では，本書で取り扱ってきた量子力学の一体問題の最後の話題として，電子が磁場にどう応答するかを議論する．まず，Schrödinger 方程式において電磁場の効果がどのように表現されるかを考察する．古典電磁気学におけるゲージ不変性が，量子力学においては波動関数に対する位相の変化で表現されることをみる．次に電磁場によって電子状態がどのように変化するかを一様な磁場中の電子の運動を例にとって考察する．一方，磁場は電子の軌道運動に影響を与えるだけでなく，スピン自由度にも影響を及ぼす．この効果がエネルギースペクトルにどのように現れるかについても議論を行う．

12.1　磁場中の電子の Schrödinger 方程式

　最初に古典力学，電磁気学において磁場中の質点の運動を記述するハミルトニアンがどのようなものかを考えてみよう．質量 m で電荷量 e の質点に対する Newton (ニュートン) の運動方程式は，質点の位置を $r = (x, y, z)$，電場を $E = (E_x, E_y, E_z)$，磁場を $B = (B_x, B_y, B_z)$，外部ポテンシャルを $V(r)$ とすると

$$m\frac{d^2 r}{dt^2} = -\nabla V + e\left(E + \frac{dr}{dt} \times B\right) \tag{12.1}$$

である．この運動方程式を導くハミルトニアンは

$$H = \frac{1}{2m}(p - eA)^2 + e\phi + V \tag{12.2}$$

である．ただし p は質点の運動量，A と ϕ はベクトルポテンシャルおよびスカラーポテンシャルで，

$$E = -\nabla\phi - \frac{\partial A}{\partial t}$$

$$B = \nabla \times A$$

が成り立つ．これは以下のように示すことができる．まず，式 (12.1) の右辺第 2 項をベクトルポテンシャルとスカラーポテンシャルを用いて書き直す．

$$e\left(\boldsymbol{E} + \boldsymbol{v} \times \boldsymbol{B}\right) = e\left(-\frac{\partial \boldsymbol{A}}{\partial t} - \nabla\phi + \boldsymbol{v} \times \nabla \times \boldsymbol{A}\right)$$

$$= e\left[-\left(\frac{\partial}{\partial t} + \boldsymbol{v} \cdot \nabla\right)\boldsymbol{A} - \nabla\left(\phi - \boldsymbol{v} \cdot \boldsymbol{A}\right)\right]$$

$$= e\left[-\frac{d\boldsymbol{A}}{dt} - \nabla\left(\phi - \boldsymbol{v} \cdot \boldsymbol{A}\right)\right]$$

ここで以下の関係が成立することを用いた.

$$\boldsymbol{v} \times \nabla \times \boldsymbol{A} = \nabla(\boldsymbol{v} \cdot \boldsymbol{A}) - (\boldsymbol{v} \cdot \nabla)\boldsymbol{A}$$

$$\frac{d\boldsymbol{A}}{dt} = \frac{\partial \boldsymbol{A}}{\partial t} + (\boldsymbol{v} \cdot \nabla)\boldsymbol{A}$$

したがってラグランジアン L が

$$L = \frac{mv^2}{2} - V - e\left(\phi - \boldsymbol{v} \cdot \boldsymbol{A}\right)$$

であれば, 古典力学における Euler-Lagrange (オイラー–ラグランジュ) の式

$$\frac{d}{dt}\left(\frac{\partial L}{\partial v_i}\right) - \frac{\partial L}{\partial x_i} = 0$$

から式 (12.1) が導かれる. ただし $x_1 = x$, $x_2 = y$, $x_3 = z$ および $v_1 = v_x$, $v_2 = v_y$, $v_3 = v_z$ である. ラグランジアン L から磁場中の粒子の運動量を求めると

$$\boldsymbol{p} = \frac{\partial L}{\partial \boldsymbol{v}} = m\boldsymbol{v} + e\boldsymbol{A}$$

となり, ハミルトニアンが

$$H = \boldsymbol{p} \cdot \boldsymbol{v} - L$$

$$= \frac{1}{m}\boldsymbol{p} \cdot (\boldsymbol{p} - e\boldsymbol{A}) - \frac{1}{2m}(\boldsymbol{p} - e\boldsymbol{A})^2 + e\phi - \frac{e}{m}\boldsymbol{A} \cdot (\boldsymbol{p} - e\boldsymbol{A}) + V$$

$$= \frac{1}{2m}(\boldsymbol{p} - e\boldsymbol{A})^2 + e\phi + V$$

となり, 式 (12.2) が示された.

ところで, 任意のスカラー関数 $\lambda(\boldsymbol{r}, t)$ を用いて

$$\phi' = \phi + \frac{\partial \lambda}{\partial t} \tag{12.3}$$

$$\boldsymbol{A}' = \boldsymbol{A} - \nabla\lambda \tag{12.4}$$

のように新しいスカラーポテンシャル，ベクトルポテンシャルを導入する (これをゲージ変換とよぶ) と，新しい ϕ' および $\boldsymbol{A}'$ についても同じ $\boldsymbol{E}$ および $\boldsymbol{B}$ が得られる (ゲージ不変性).

　ここで古典論から量子論に移る．ただし，電磁場は量子化しないものとする．量子論において，ゲージ不変性がどのように表現されるかをみてみよう．まず，$\psi(\boldsymbol{r},t)$ が Schrödinger 方程式

$$i\hbar\frac{\partial}{\partial t}\psi(\boldsymbol{r},t)=\hat{H}\psi(\boldsymbol{r},t)$$

を満たすとする．ここでハミルトニアンは古典の場合に対応して

$$\hat{H}=\frac{1}{2m}\left(\frac{\hbar}{i}\nabla-e\boldsymbol{A}\right)^2+e\phi+V$$

とする．次に

$$\hat{U}(\boldsymbol{r},t)=\exp\left(i\frac{e}{\hbar}\lambda(\boldsymbol{r},t)\right)$$

として，

$$\psi(\boldsymbol{r},t)=\hat{U}(\boldsymbol{r},t)\psi'(\boldsymbol{r},t)$$

というユニタリ変換を考える．これを Schrödinger 方程式に代入すると

$$i\hbar\frac{\partial}{\partial t}\psi(\boldsymbol{r},t)=\hat{U}i\hbar\frac{\partial}{\partial t}\psi'(\boldsymbol{r},t)+i\hbar\left(\frac{\partial\hat{U}}{\partial t}\right)\psi'(\boldsymbol{r},t)$$
$$=\hat{H}\psi(\boldsymbol{r},t)=\hat{H}\hat{U}\psi'(\boldsymbol{r},t)$$

より

$$i\hbar\frac{\partial}{\partial t}\psi'(\boldsymbol{r},t)=e\frac{\partial\lambda}{\partial t}\psi'(\boldsymbol{r},t)+\hat{U}^{-1}\hat{H}\hat{U}\psi'(\boldsymbol{r},t)$$

が導ける．ここで

$$\hat{U}^{-1}(\hat{\boldsymbol{p}}-e\boldsymbol{A})^2\hat{U}=\hat{U}^{-1}(\hat{\boldsymbol{p}}-e\boldsymbol{A})\hat{U}\hat{U}^{-1}(\hat{\boldsymbol{p}}-e\boldsymbol{A})\hat{U}$$
$$=(\hat{\boldsymbol{p}}-e\boldsymbol{A}+e\nabla\lambda)^2$$
$$=(\hat{\boldsymbol{p}}-e\boldsymbol{A}')^2$$

であることに注意すると

$$i\hbar\frac{\partial}{\partial t}\psi'(\boldsymbol{r},t)=\left[\frac{1}{2m}\left(\frac{\hbar}{i}\nabla-e\boldsymbol{A}'\right)^2+e\phi'+V\right]\psi'(\boldsymbol{r},t)$$

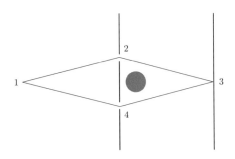

図 12.1　Aharonov-Bohm 効果の実験的観測. 電子銃 1 から発射された電子はスリット 2, 4 を通ってスクリーン 3 に到達する. 灰色の部分にはソレノイドが配置され, 磁束が紙面に垂直に貫く.

がいえる. すなわち, ベクトルポテンシャル, スカラーポテンシャルにゲージ変換を施して他のゲージに移るときは波動関数に位相をかけてやればよい.

　ここで, ベクトルポテンシャルの存在にどのような現象が観測されるかについて, Aharonov (アハロノフ) と Bohm (ボーム) による議論 (**Aharonov-Bohm 効果**) を紹介しよう. 実際の実験的観測については, 1986 年の日本の外村彰らの研究が有名である. まず, 無限に長いソレノイド (実際には無限に長いソレノイドは存在せず, この点が実験的検証を困難にした) に電流を流し, 磁場 $\boldsymbol{B}$ をつくる. 磁場はソレノイド内部に閉じ込められるが, $\boldsymbol{B}$ をつくるベクトルポテンシャルは $\boldsymbol{A}$ はソレノイド外部でも有限の値をとり得ることに注意する.

　図 12.1 のように電子銃 1 から電子を発射する. 電子はスリット 2, 4 を通ってスクリーン 3 に到達するものとする. ソレノイドはスリットとスクリーンの間におくものとする. まず, 磁場が存在しないときの波動関数を ψ_0 としよう. 磁場がかかると上の議論により $\boldsymbol{A}$ が有限になるが, この効果は ψ_0 に位相を導入し

$$\psi = \psi_0 \exp\left(-\mathrm{i}\frac{e}{\hbar}\int_C \boldsymbol{A}(\boldsymbol{r})\cdot d\boldsymbol{l}\right)$$

とすることで表現できる. スクリーン上の点 3 における ψ を考えるとき, 線積分の経路 C は $1 \to 2 \to 3$ ないし $1 \to 4 \to 3$ をとる. この二つの寄与の相対位相は

$$\exp\left(-\mathrm{i}\frac{e}{\hbar}\int_{1\to2\to3\to4\to1}\boldsymbol{A}(\boldsymbol{r})\cdot d\boldsymbol{l}\right) = \exp\left(-\mathrm{i}\frac{e}{\hbar}\int\boldsymbol{B}(\boldsymbol{r})\cdot d\boldsymbol{S}\right)$$
$$= \exp\left(-\mathrm{i}\frac{e}{\hbar}\Phi\right)$$

となる. ただし Φ はソレノイドを貫く磁束である. したがって, 電子が通過する領域で磁場の強さがゼロであっても電子はベクトルポテンシャルの存在を感じ Φ の大きさに応じた干渉パターンをスクリーン上につくる.

12.2 一様磁場中の自由電子の運動

磁場が入ったときに自由電子の運動がどのように影響されるかを, 2 次元系を例にとって考えてみよう. 電子の運動が xy 平面に限られ, 時間に依存しない一様磁場 $\boldsymbol{B} = (0,0,B)$ がかけられるものとする. このとき, ベクトルポテンシャルとして $(0, Bx, 0)$ (Landau (ランダウ) ゲージ) をとると $\nabla \times \boldsymbol{A} = (0,0,B)$ が得られる. このとき, ハミルトニアンは

$$\hat{H} = \frac{1}{2m}\left(\hat{p}_x^2 + (\hat{p}_y - eBx)^2\right)$$

となる. ここで, y 方向には運動量演算子しか含まれていないことから, 波動関数の y 方向は $\exp(\mathrm{i}k_y y)$ で表現できる. そこで波動関数 $\psi(x,y) = f(x)\exp(\mathrm{i}k_y y)$ とし, x 方向のハミルトニアンを考えると

$$\hat{H}_x = \frac{1}{2m}\left(\hat{p}_x^2 + (\hbar k_y - eBx)^2\right)$$

となる. k_y は演算子ではなく, 実数であることに注意する. このハミルトニアンは調和振動子のハミルトニアンであり, したがって固有エネルギーは

$$E = \hbar\frac{|e|B}{m}\left(n + \frac{1}{2}\right) \equiv \hbar\omega_c(n + \frac{1}{2})$$

のように量子化 (**Landau 量子化**) される. 各準位にどのくらい状態が縮退しているのかを見積もってみよう. x, y 方向に幅 L_x, L_y をとり, 周期境界条件を課すことにする. k_y は N を整数として $2\pi N/L_y$ となる. 調和振動子ポテンシャルの中心は $\hbar k_y/eB = 2\pi N/L_y eB$ であるが, この中心の位置は x 方向に幅 L_x の中にあるべきである. このことから

$$0 \le N \le L_x L_y \frac{|e|B}{2\pi\hbar} = \frac{Sm\omega_c}{h}$$

である. ただし $S = L_x L_y$ とおいた. 同様の評価は次のような方法でも可能である. 磁場がかかっていない 2 次元電子系の状態密度は

$$D(\varepsilon) = \frac{S}{(2\pi)^2}\int dk_x dk_y \delta(\varepsilon - \frac{\hbar^2(k_x^2 + k_y^2)}{2m})$$

$$= \frac{S}{2\pi} \int dk\, k\, \delta(\varepsilon - \frac{\hbar^2 k^2}{2m})$$

$$= \frac{S}{2\pi} \int d\varepsilon'\, k \frac{m}{\hbar^2 k} \delta(\varepsilon - \varepsilon')$$

$$= \frac{Sm}{2\pi\hbar^2}$$

でありエネルギーによらない一定値をとる. 磁場がかかるとこれが量子化される
が幅 $\hbar\omega_c$ あたりの状態が一つの準位に縮退することになる. その数は $Sm\omega_c/h$ で
あり, 上の見積もりと一致する.

12.3　Zeeman 効 果

　次にポテンシャルがある場合として, 閉殻の外側に一つの価電子がある原子を
考えよう. 価電子に対するハミルトニアンは

$$\hat{H} = \frac{1}{2m}(\hat{\boldsymbol{p}} - e\boldsymbol{A})^2 + V(\boldsymbol{r})$$

である. ここで $V(\boldsymbol{r})$ は価電子が感じるポテンシャルで, 原子核の寄与と負に帯
電した内殻電子の寄与がある. 本節では $V(\boldsymbol{r})$ の詳細には立ち入らないこととす
るが, 何れにせよ価電子は $\boldsymbol{E} = -\nabla V/e$ の電場を感じながら運動することになる.
古典力学, 電磁気学に従えば, 電場 $\boldsymbol{E}$ の中で速度 $\boldsymbol{v}$ で運動する電子は $-\boldsymbol{v} \times \boldsymbol{E}$ の
磁場を感じる. スピンと磁場が結合することを考えると, 量子力学においてもそ
のハミルトニアンの中に

$$-\hat{\boldsymbol{s}} \cdot (\hat{\boldsymbol{p}} \times \frac{\hat{\boldsymbol{r}}}{r} \frac{dV}{dr}) = \frac{1}{r}\frac{dV}{dr}\hat{\boldsymbol{L}} \cdot \hat{\boldsymbol{s}} \tag{12.5}$$

に比例する項 $\hat{H}_{\mathrm{LS}}$ が現れることが期待される. より正確な議論は本教程の『量
子力学 II』に譲るが, 原子中の電子には確かに $\hat{\boldsymbol{L}} \cdot \hat{\boldsymbol{s}}$ に比例する**スピン–軌道相互
作用**が存在する. H_{LS} は $\hat{L}_z$ や $\hat{s}_z$ とは交換せず, $\hat{\boldsymbol{J}}^2$ や $\hat{J}_z$ と交換する (ただし
$\hat{\boldsymbol{J}} = \hat{\boldsymbol{L}} + \hat{\boldsymbol{s}}$). したがって, 以下の議論ではハミルトニアンの基底としては $\hat{\boldsymbol{J}}^2$ や
$\hat{J}_z$ を対角化する基底を採用するものとする.

　いま, 前節と同じように z 軸方向に一様な磁場を考える. この状況を考えるう
えで便利なゲージとして $\boldsymbol{A} = (-By/2, Bx/2, 0)$ (対称ゲージ) をとる. $\nabla \times \boldsymbol{A}$ を
計算すると確かに $(0, 0, B)$ が得られる. ハミルトニアンは

$$\hat{H} = \frac{1}{2m}\hat{\boldsymbol{p}}^2 - \frac{eB}{2m}(x\hat{p}_y - y\hat{p}_x) + \frac{e^2 B^2}{8m}(x^2 + y^2) + V(\boldsymbol{r}) + \hat{H}_{\mathrm{LS}} \tag{12.6}$$

$$= \frac{1}{2m}\hat{p}^2 - \mu_{\mathrm{B}}B\hat{L}_z + \frac{e^2B^2}{8m}(x^2+y^2) + V(\boldsymbol{r}) + \hat{H}_{\mathrm{LS}} \tag{12.7}$$

となる．ここで $\mu_{\mathrm{B}} = e\hbar/2m$ は式 (10.3) で登場した Bohr 磁子である．磁場の向きが一般の向きであれば，第 2 項は $H_{\mathrm{P}} = -\mu_{\mathrm{B}}\boldsymbol{B}\cdot\boldsymbol{L}$ となる（これは $\boldsymbol{A} = \boldsymbol{B}\times\boldsymbol{r}/2$ として上の議論を繰り返せば示せる）．$V(\boldsymbol{r})$ が球対称であれば，$\hat{L}_z$ の固有値ごとに $2l+1$ 個に分裂する．これを (正常) **Zeeman** (ゼーマン) **効果**とよぶ．一方，10 章でも述べたように実際の原子の磁場下のスペクトルを説明するには軌道角運動量のほかスピン角運動量の寄与も考えなければならない．これを異常 Zeeman 効果とよぶ．すなわち第 2 項は

$$\hat{H}_{\mathrm{P}} = -\mu_{\mathrm{B}}B(\hat{L}_z + g\hat{s}_z)$$

となる．磁場の向きが一般の場合は

$$\hat{H}_{\mathrm{P}} = -\mu_{\mathrm{B}}\boldsymbol{B}\cdot(\hat{\boldsymbol{L}} + g\hat{\boldsymbol{s}})$$

である．10.4 節でも述べたように g は電子のスピンの場合ほぼ 2 としてよく，以下 $g = 2$ とする．

$\hat{\mu}_z = \hat{L}_z + 2\hat{s}_z = \hat{J}_z + \hat{s}_z$ として，$\hat{H}_{\mathrm{P}} = -\mu_{\mathrm{B}}B\hat{\mu}_z$ の効果を 1 次の摂動論で議論してみよう．10.3 節で議論したように，

$$|j = l\pm\tfrac{1}{2}, m_j\rangle = \pm\sqrt{\frac{l+1/2\pm m_j}{2l+1}}|m_l = m_j - \tfrac{1}{2}\rangle \otimes |m_s = \tfrac{1}{2}\rangle$$
$$+ \sqrt{\frac{l+1/2\mp m_j}{2l+1}}|m_l = m_j + \tfrac{1}{2}\rangle \otimes |m_s = -\tfrac{1}{2}\rangle$$

であるから

$$\langle j = l\pm\tfrac{1}{2}, m_j|\hat{\mu}_z|j = l\pm\tfrac{1}{2}, m_j\rangle = m_j\hbar + \frac{\hbar}{2}$$
$$\times \frac{1}{2l+1}\left[\left(l+\tfrac{1}{2}\pm m_j\right) - \left(l+\tfrac{1}{2}\mp m_j\right)\right]$$
$$= m_j\hbar\left[1 \pm \frac{1}{2l+1}\right]$$
$$\equiv g_{\mathrm{J}}m_j\hbar$$

となる．よって $\hat{H}_{\mathrm{P}}$ による 1 次の摂動エネルギーは $-\mu_{\mathrm{B}}g_{\mathrm{J}}Bm_j\hbar$ である．ここで g_{J} を Landé (ランデ) の g 因子とよぶ．

Landé の g 因子は, $\hat{\boldsymbol{\mu}}$ と $\hat{\boldsymbol{J}}$ を古典ベクトルと思って $\boldsymbol{\mu}$ の $\boldsymbol{J}$ に平行な成分 $\boldsymbol{\mu}_{\parallel}$ を求めることでも計算できる. これは $\boldsymbol{\mu}$ が歳差運動をし, $\boldsymbol{J}$ に垂直な成分は平均するとゼロになるという描像で理解できる.

$$
\begin{aligned}
\boldsymbol{\mu}_{\parallel} &= \frac{(\boldsymbol{\mu} \cdot \boldsymbol{J})\boldsymbol{J}}{J(J+1)} \\
&= \frac{(\boldsymbol{L} \cdot \boldsymbol{J} + 2\boldsymbol{S} \cdot \boldsymbol{J})\boldsymbol{J}}{J(J+1)} \\
&= \frac{(\boldsymbol{J}^2 + \boldsymbol{L}^2 - \boldsymbol{S}^2) + 2(\boldsymbol{J}^2 + \boldsymbol{S}^2 - \boldsymbol{L}^2)}{2J(J+1)}\boldsymbol{J} \\
&= \left[1 + \frac{J(J+1) - L(L+1) + S(S+1)}{2J(J+1)} \right]\boldsymbol{J} \\
&\equiv g_{\mathrm{J}}\boldsymbol{J}
\end{aligned}
$$

ここまでの議論で, 磁場 $\boldsymbol{B}$ は弱いものと仮定してきたが, ある程度強くなると $\hat{\boldsymbol{J}}^2$ や $\hat{J}_z$ を対角化する基底は必ずしも状況を記述するうえで適切なものとはいえなくなる. この場合は $\hat{H}_{\mathrm{LS}}$ よりも $\hat{H}_{\mathrm{P}}$ を重視し, むしろ $\hat{L}_z$ や $\hat{s}_z$ を対角化する基底をとるほうがよい. この場合, $\hat{H}_{\mathrm{P}}$ による磁場の効果は $-\mu_{\mathrm{B}}B(m_l + 2m_s)$ となる.

ところで, ハミルトニアン (12.7) の第 3 項は Lamor (ラーモア) 反磁性の項である. 希ガスやイオン芯など閉殻の系では軌道角運動量, スピン角運動量がゼロなので $\hat{H}_{\mathrm{P}}$ の寄与がなく, Lamor 反磁性の項だけが残る. 一原子あたりの電子数を Z, 系の原子数 N を使うと電子状態が球対称な場合, この項のエネルギーは

$$
NZ\frac{e^2B^2}{8m}\frac{2}{3}\langle r^2 \rangle
$$

であり, これを磁場について 2 階微分して帯磁率を求めると

$$
-NZ\frac{e^2}{6m}\langle r^2 \rangle
$$

となる. したがって Z の大きな元素ではイオン芯による反磁性磁化率が大きい.

参 考 文 献

[1] 猪木慶治, 川合光：『量子力学 I, II』(講談社, 1994).

[2] 砂川重信：『量子力学』(岩波書店, 1991).

[3] 朝永振一郎：『スピンはめぐる (新版)』(みすず書房, 2008).

[4] J.J. Sakurai, J. Napolitano (著), 桜井明夫 (訳)：『現代の量子力学 (上, 下) 第 2 版』(吉岡書店, 2014–2015).

[5] ランダウ-リフシッツ (著), 佐々木健, 好村滋洋 (訳)：『量子力学 (1, 2) 改訂新版』(東京図書, 1983).

[6] 小形正男：『量子力学』(裳華房, 2007).

[7] 小出昭一郎：『量子力学 I, II』(裳華房, 1990).

[8] 江藤幹雄：『量子力学 I』(丸善出版, 2010).

[9] 小川哲生：『量子力学講義』(サイエンス社, 2006).

[10] リチャード・P・ファインマン, アルバート・R・ヒッブス (著), ダニエル・F・スタイヤー (校訂), 北原和夫 (訳)：『量子力学と経路積分 (新版)』(みすず書房, 2017).

[11] 佐藤光：『群と物理』(丸善出版, 2016).

お わ り に

　本書執筆にあたっては，国内外の多くの教科書，講義ノートを参考にさせてい
ただいた（巻末に特に強く影響を受けた教科書をあげている）．

　また，松野俊一氏，藪博之氏，沙川貴大氏，是常隆氏，酒井志朗氏，鈴木通人
氏，越智正之氏，佐野航氏，黒須崇寛氏，榊原寛史氏および編纂委員会に通読し
ていただき，詳細なご意見，コメントを数多くいただいた．これらは原稿を推敲
する際にとても貴重なものであったが，さまざまな制約の中でそのすべてを最終
原稿に反映することができなかった．この点は非常に心残りであるが，本書が理
工系学部教育の現場で少しでもお役に立てば幸いである．

2020 年 3 月

有 田 亮 太 郎

索 引

欧 文

Aharonov-Bohm 効果 (Aharonov-Bohm effect)　106
Bohr 磁子 (Bohr magneton)　91
Bohr 半径 (Bohr radius)　80
Clebsch-Gordan 係数 (Clebsch-Gordan coefficients)　87
de Broglie の関係式 (de Broglie relation)　6
Ehrenfest の定理 (Ehrenfest's theorem)　12
Fermi の黄金則 (Fermi's golden rule)　61
Heisenberg 描像 (Heisenberg representation)　94
Hermite 共役 (Hermite conjugate)　15
Hermite 多項式 (Hermite polynomials)　25
Laguerre の陪微分方程式 (associated Laguerre differential equation)　81
Landau 量子化 (Landau quantization)　107
Legendre の多項式 (Legendre polynomials)　73
Legendre の陪微分方程式 (associated Legendre differential equation)　73
Pauli 行列 (Pauli matrices)　83
Rayleigh-Ritz 試行関数 (Rayleigh-Ritz trial function)　51
Schrödinger 描像 (Schrödinger representation)　94
Schrödinger 方程式 (Schrödinger's equation)　9
Zeeman 効果 (Zeeman effect)　109

あ 行

アハロノフ–ボーム効果　⇒ Aharonov-Bohm 効果
永年方程式 (secular equation)　52
エーレンフェストの定理　⇒ Ehrenfest の定理
エルミート共役　⇒ Hermite 共役
エルミート多項式　⇒ Hermite 多項式
演算子 (operator)　11

か 行

確率密度 (probability density)　9
重ね合せの原理 (superposition principle)　4
完全系 (complete system)　17
吸収断面積 (absorption cross section)　61
球面調和関数 (spherical harmonics)　73
クレブシュ–ゴルダン係数　⇒ Clebsch-Gordan 係数
経路積分 (path integral)　101
ゲージ変換 (gauge transformation)　105
ケットベクトル (ket vector)　20
交換子 (commutator)　13
光電効果 (photoelectric effect)　6
コヒーレント状態 (coherent state)　28
固有関数 (eigenfunction)　15
固有値 (eigenvalue)　15
混合状態 (mixed state)　89

さ 行

磁気量子数 (magnetic quantum number)　80

主量子数 (principal quantum number)　80

シュレーディンガー描像　⇒ Schrödinger 描像

シュレーディンガー方程式　⇒ Schrödinger 方程式

純粋状態 (pure state)　89

昇降演算子 (ladder operators)　69

詳細釣り合い (detailed balance)　61

スピン-軌道相互作用 (spin-orbit interaction)　108

スペクトル表示 (spectral representation)　22

生成消滅演算子 (creation and annihilation operators)　26

ゼーマン効果　⇒ Zeeman 効果

遷移確率 (transition probability)　60

遷移振幅 (transition amplitude)　98

相互作用表示 (interaction picture)　96

た　行

対応原理 (corresponding principle)　7

定常状態　14

ド・ブロイの関係式　⇒ de Broglie の関係式

トンネル効果 (quantum tunneling)　36

な　行

ノルム (norm)　11

は　行

ハイゼンベルク描像　⇒ Heisenberg 描像

パウリ行列　⇒ Pauli 行列

波動方程式 (wave equation)　3

ハミルトニアン (Hamiltonian)　9

フェルミの黄金則　⇒ Fermi の黄金則

不確定性関係 (uncertainty relation)　5

不確定性原理 (uncertainty principle)　14

ブラベクトル (bra vector)　20

プロパゲーター (propagator)　98

変分原理 (variational principle)　49

方位量子数 (azimuthal quantum number)　80

ボーア磁子　⇒ Bohr 磁子

ボーア半径　⇒ Bohr 半径

ま　行

密度行列 (density matrix)　90

や　行

ユニタリ演算子 (unitary operator)　94

ら　行

ラグランジアン (Lagrangian)　100

ラゲールの陪微分方程式　⇒ Laguerre の陪微分方程式

ランダウ量子化　⇒ Landau 量子化

量子数 (quantum number)　15

ルジャンドルの多項式　⇒ Legendre の多項式

ルジャンドルの陪微分方程式　⇒ Legendre の陪微分方程式

レイリー-リッツ試行関数　⇒ Rayleigh-Ritz 試行関数

連続の方程式 (equation of continuity)　10

東京大学工学教程

2020 年 3 月

著者の現職

有田亮太郎（ありた・りょうたろう）
東京大学大学院工学系研究科物理工学専攻　教授
理化学研究所創発物性科学研究センター　チームリーダー

東京大学工学教程　基礎系　物理学
量子力学 I

令和 2 年 4 月 10 日　発　行

編　者	東京大学工学教程編纂委員会
著　者	有　田　亮　太　郎
発 行 者	池　田　和　博
発 行 所	丸善出版株式会社

〒101-0051　東京都千代田区神田神保町二丁目17番
編集：電話 (03) 3512-3261／FAX (03) 3512-3272
営業：電話 (03) 3512-3256／FAX (03) 3512-3270
https://www.maruzen-publishing.co.jp

組版印刷・製本／三美印刷株式会社

ISBN 978-4-621-30496-9 C 3342　　　　　Printed in Japan